利川柏杨豆干

倒流水豆腐干

酸菜

郁山擀酥饼

凤头姜

酸汤鱼

郁山鸡豆花

羊角豆腐干

乾州板鸭

秀山米豆腐

黔江鸡杂

侗族腌鱼

黔江濯水绿豆粉

土家十碗八扣

渣海椒

鱼包韭菜

彭水灰豆腐

灰团粑

血粑

黔江斑鸠蛋树叶绿豆腐

洪安腌菜鱼

八洲坝苕糖

洋芋酱

土家油粑粑

土家油茶汤

郁山三香

郁山烧白

湘西酸肉

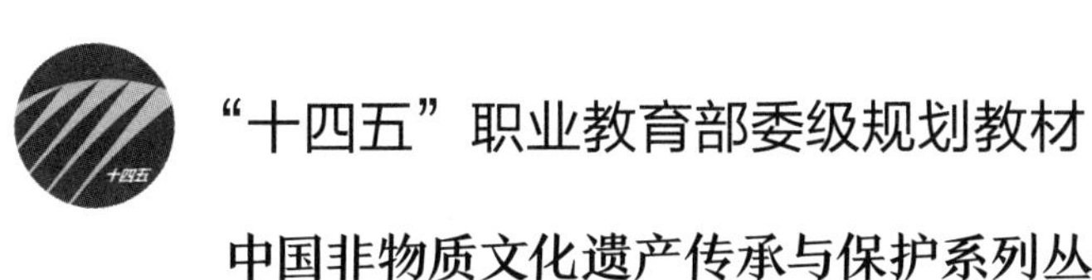

中国非物质文化遗产传承与保护系列丛书

武陵山非遗美食制作

李兴武 章黎黎 谢 涵/主 编

黄 欢/副主编

中国纺织出版社有限公司

内 容 提 要

本书集非遗美食文化传授、实操技能展现为一体，文化传播与技能传授并重，其内容涵盖历史来源、原料配方、制作方法、注意事项、风味特色等内容，以项目制形式展现给广大读者，包括渝东南地区、武陵山鄂西地区、武陵山区黔东北、武陵山区湘西四地46种非遗美食，客观、系统地介绍了武陵山地区特有的非物质文化遗产代表美食，兼具学术性、知识性与文献性，可作为烹饪等专业师生以及非遗美食爱好者的专业参考书籍。

图书在版编目（CIP）数据

武陵山非遗美食制作 / 李兴武，章黎黎，谢涵主编；黄欢副主编. --北京：中国纺织出版社有限公司，2022.12

ISBN 978-7-5180- 9931-3

Ⅰ. ①武… Ⅱ. ①李… ②章… ③谢… ④黄… Ⅲ. ①烹饪—方法—西南地区 Ⅳ. ①TS972.117

中国版本图书馆CIP数据核字（2022）第190351号

责任编辑：闫　婷　　责任校对：寇晨晨　　责任印制：王艳丽

中国纺织出版社有限公司出版发行
地址：北京市朝阳区百子湾东里 A407 号楼　邮政编码：100124
销售电话：010—67004422　传真：010—87155801
http://www.c-textilep.com
中国纺织出版社天猫旗舰店
官方微博 http://weibo.com/2119887771
天津千鹤文化传播有限公司印刷　各地新华书店经销
2022 年 12 月第 1 版第 1 次印刷
开本：787 × 1092　1/16　印张：10.5　插页：4
字数：150 千字　定价：68.00 元

《武陵山非遗美食制作》编委会成员

主　　编　李兴武　重庆旅游职业学院

章黎黎　重庆旅游职业学院

谢　涵　重庆旅游职业学院

副 主 编　黄　欢　重庆市酉阳县麻旺镇中心小学

参　　编　唐　亮　重庆旅游职业学院

张朝建　重庆市黔江区民族职业教育中心

何佳源　重庆市黔江区民族职业教育中心

曹睿智　重庆市彭水职业教育中心

蔡孔洋　重庆市涪陵区第一职业中学

何　芳　重庆市酉阳职业教育中心

熊　飞　重庆市武隆区职业教育中心

杨　涛　新疆大学

前言

“非遗”是先辈通过日常生活的经验运用而留存至今的文化财富，代表着人类文化遗产的精神高度。虽然我们所处的环境、与自然界的相互关系，以及历史条件在不断发生着变化，但是对于非物质文化遗产的认同感和历史感，是始终不变的。

党的十九大以来，各级部门都深入贯彻习近平总书记关于传承发展中华优秀传统文化的一系列重要讲话精神，落实中国共产党中央委员会办公厅、中华人民共和国国务院办公厅印发的《关于实施中华优秀传统文化传承发展工程的意见》有关要求，依据《中华人民共和国非物质文化遗产法》（以下简称“非遗法”），积极推动非遗保护传承，促进中华优秀传统文化创造性转化、创新性发展，不断增强非遗的生命力和影响力，各项工作成效显著。

武陵山区是指武陵山及其余脉所在的区域（包括山脉也包括其中的小型盆地和丘陵等），位于中国华中腹地，也是中国现有14个“集中连片特困地区”之一。武陵山区东临两湖，西通巴蜀，北连关中，南达两广，是中国各民族南来北往频繁之地，区内聚居着汉、土家、瑶、苗、侗等民族。这里山川险峻，自然环境复杂多变，饮食资源丰富，有悠久的饮食文明和丰富多彩的饮食文化，是古朴民风中一道亮丽的风景线。

乡村振兴的发展带动武陵山区旅游业的迅猛发展，餐饮市场的日渐繁荣且对外交流日益频繁，武陵山区的非遗美食也越来越多地被人们喜欢。与此同时，武陵山区的非遗饮食也已经成为旅游发展中的重要组成部分，成为彰显民族文化的窗口和吸引游客兴趣与消费的重头戏。进一步深层次发掘与创新武陵山区民族饮食文化，丰富旅游产品，提升服务品质，努力满足旅游消费者精神文化和物质文化的需要，从而大大促进武陵山区旅游经济的发展。

本书结合当下武陵山区的区域划分及非物质文化遗产的一般规律，在理解饮食类非物质文化遗产的基础上挖掘武陵山区非遗美食，探讨重庆、湖北、湖南、贵州等武陵山区内的非遗美食。此书可作为旅游、烹饪、食品专业学生及非遗文化爱好者的参考用书。

本书是集体智慧的结晶，也是重庆旅游职业学院质量工程项目武陵山非遗美食制作建设成果之一。项目一由重庆旅游职业学院谢涵老师编写，项目二由重庆旅游职业学院袁昌曲老师编写；项目三和项目四由重庆旅游职业学院李兴武老师编写；项目五由重庆旅游职业学院章黎黎老师编写。全书由袁昌曲副教授主审。我们真诚地希望广大读者在阅读和学习使用本书时，不断提出意见和建议，以便我们今后再版时修改，以逐渐完善。书中谬误之处诚望各位专家、读者批评指正。

编者

2022年3月

目录

项目一

非物质文化遗产

任务一 中国非物质文化遗产

一、非物质文化遗产概述

非物质文化是各族人民世代相承，与群众生活密切相关的各种传统文化表现形态（形式）和文化空间，它是文化遗产，是经过人类生产实践和生活实践所证明了的一种活动的认知结果。它是与群众生活密切相关的各种传统表现形态（形式）。是一种文化空间，是一种思维的背景和生存的习俗。由此可见，非物质文化是人类的生存行为或生存习惯所构成的一种背景，我们可以称为民俗。一块猪五花肉，它是物质的，有形的，是看得见摸得着的东西，可是，一旦这块肉切成块上了色，放在祭祀盘子里，置于宗祠里，它便成了“祭祀肉”，而关于这块“祭祀肉”的来历、用法、象征意义、故事和传说，就是非物质文化。同样，一个月饼，它是物质的，有形的，是看得见摸得着的东西，平时都可以食用，但中秋节食用，它便成了一种特殊食品，关于这块的月饼的来历、吃法及纪念意义，就是非物质文化。非物质文化是一种无形的文化形态。它是靠物质的有形的文化来传承和传播，来承载着的一种特殊生存形态。物质文化是人类生活的物质基础和环境，它看得见，摸得着，是相对固定和统一的文化，如山川、河流、房屋、庭院、塔楼、庙宇；非物质文化是活动的，流传的，动态的，是依附于这些有形的载体而存在的文化，因此它是更加丰富多彩和广泛存在的生动的活态。

根据联合国教科文组织通过的《保护非物质文化遗产公约》中的定义，“非物质文化遗产”指被各群体、团体、有时为个人所视为其文化遗产的各种实践、表演、表现形式、知识体系和技能及其有关的工具、实物、工艺品和文化场所。各个群体和团体随着其所处环境、与自然界的相互关系和历史条件的变化，不断使这种代代相传的非物质文化遗产得到创新，同时使他们自己具有一种认同感和历史感，从而促进了文化多样性和激发人类的创造力。

非物质文化遗产是各种以非物质形态存在的与群众生活密切相关、世代相承的传统文化表现形式，包括口头传统、传统表演艺术、民俗活动和礼仪与节庆，有关自然界和宇宙的民间传统知识和实践、传统手工艺技能等以及与上述传统文化表现形式相关的文化空间。非物质文化遗产是以人为本的活态文化遗产，它强调的是以人为核心的技艺、经验、精神，其特点是活态流变。在非物质文化遗产的实际工作中，认定的非遗标准是由父子（家庭），或师徒，或学堂等形式传承三代以上，传承时间超过100年，且要求谱系清楚、明确。

非物质文化基本可以划分为五大类：一是口头传说和表述。包括作为非物质文化遗产媒介的语言（口头的、口述的类别）；二是表演艺术类（戏剧、舞蹈、小品）；三是社会风俗、礼仪、节庆（不定期开展和定期开展的）；四是有关自然界和宇宙的知识和实践（认识自然的过程）；五是传统的手工艺产生过程（老作坊、绝活），包括这些工艺的传人。

非物质文化遗产作为确定文化特征，能激发一个国家和一个民族的创造力，用以保护文化多样性的根本因素，因此命名这种文化成为国际所公认的一种重要文化形态和类别，必须像物质文化一样加以抢救和保护。1972年联合国教科文组织提出了《保护世界文化和自然遗产公约》；1997年11月又召开了第29届成员国大会，正式通过了23号决议，创立了“代表作”这一称号，第二年又宣布了代表作的条例。宣布代表作的条例的目的主要是提高全世界各民族对口头和非物质文化遗产价值以及抢救和振兴此种遗产的必要性的认识。这个条例首先要求世界各民族在全球范围内摸清口头和非物质文化遗产的分布，并给予评估。在此之前，国际上认识文化遗产多指物质的或物质和非物质有所结合的文化。联合国教科文组织在2003年9月29日在巴黎举行的第32届会议上正式向全世界各成员国提出了《保护非物质文化遗产公约》。

这项公约的确立，充分参照和考虑了1948年的《世界人权宣言》对文化的态度，考虑了1966年的《经济社会及文化利国公约》，考虑到了1989年的《保护民间创作建议书》和2001年《教科文组织世界文化多样性宣言》以及2002年第三次文化部长圆桌会议通过的《伊斯坦布尔宣言》所强调的非物质文化遗产的重要性。考虑到非物质文化遗产与物质文化遗产和自然遗产之间的内在联系，考虑到保护人类大量物质文化遗产是人类普遍的意愿和共同关心的事项。

二、中国非物质文化遗产

2005年3月31日，国务院办公厅印发了《关于加强我国非物质文化遗产保护工作的意见》，要求建立中国非物质文化遗产代表作国家名录，确定了“保护为主、抢救第一、合理利用、传承发展”的指导方针及“政府主导、社会参与、明确职责、形成合力、长远规划、分步实施、点面结合、讲求实效”的工作原则。对全国非物质文化遗产的普查运用文字、录音、录像、数字化多媒体等各种方式，对遗产进行真实、系统和全面的记录，全面了解和掌握各地各民族非物质文化遗产资源的种类、数量、分布状况、生存环境、保护现状及存在问题，摸清家底，运用现代科技手段建立档案和数据库，加强对其进行研究、认定、保存和传播，形成科学有效的传承机制。

此外，我国还将借鉴世界各国好的做法，在普查的基础上建立“非物质文化遗产的代表作名录体系”。此体系包括国家级名录与省市县级名录，为呈宝塔型的名录体系。国家级的名录标准主要有三个方面：一是杰出价值；二是濒危程度；三是有效的保护计划。

（一）确定非物质文化遗产保护试点项目

目前我国已确定国家非物质文化遗产保护试点项目100多个，各省也相继确定了一批保护项目。不少地方政府还通过制定地方政府法规、建立传承人命名活动，为传承活动和人才培养提供资助，鼓励和支持开展普及优秀民族民间文化的活动，规定有条件的中小学要将其纳入教育教学内容等多种措施，卓有成效地开展非物质文化遗产的保护工作。

（二）颁布非物质文化遗产保护法

我国一直十分重视非物质文化遗产的保护工作。我国对非物质文化遗产保护的立法首先是从地方开始的。20世纪90年代，宁夏回族自治区、江苏省先后制定了保护民间美术和民间艺术的地方性法规或政府规章，云南省、贵州省、福建省和广西壮族自治区也先后颁布了省级保护条例。1997年国务院颁布了传统工艺美术的保护条例。这些都为国家立法提供了一定的经验和基础。

全国人大教科文委员会就非物质文化遗产保护工作进行了大量的调研，

会同文化和旅游部、文物局等单位联合召开民族民间非物质文化遗产保护的工作座谈会、研讨会，并于2002年8月向全国人大递交了《民族民间文化保护法》的建议稿。全国人大教科文委员会成立了起草小组，于2003年11月形成了《中华人民共和国民族民间传统文化保护法》草案。2004年8月，全国人大又把法律草案的名称调整为《中华人民共和国非物质文化遗产保护法》。这部法律主要涉及继承人的保护、文化遗产本身的保护和相关的精神权利与经济权利等几个方面。它将为濒危的中国方言、服饰、戏曲、民俗文化等口头和非物质文化遗产的保护提供法律依据，同时也确立了非物质文化遗产保护问题在国家社会文化生活中的法律地位。这些新举措既是对我国文化资源的整合与潜在精神发展的基因互补，也将促使国人对本土文化进行重新认识，推动民众提高非物质文化遗产保护的自觉性，促进各民族对自身民族文化的自我管理。

（三）实施中华民族民间文化保护工程

中华民族民间文化保护工程的主要实施内容包括下列几项：

（1）组织开展对非物质文化遗产的现状调查，全面普查，摸清家底，了解和掌握各地各民族非物质文化遗产资源的种类、数量、分布状况、生存环境、保护现状及存在问题。

（2）实行非物质文化遗产分级保护制度。制定非物质文化遗产代表作的评审标准，经过科学认定后，建立国家级和省市县各级非物质文化遗产代表作名录体系。

（3）运用文字、录音、录像、数字化多媒体等现代科技手段，对珍贵、濒危并具有历史价值的非物质文化遗产进行真实、系统和全面的记录，建立档案和数据库。

（4）建立文化传承人（传承单位）的认定和培训机制，通过资助、扶助等手段，鼓励非物质文化遗产的传承和传播。

（5）对传统文化生态保持较完整并具有特殊价值的村落或特定区域进行动态的整体性保护。同时，在传统文化特色鲜明、具有广泛群众基础的社区、乡村创建民间传统文化之乡。

（6）合理开发利用传统文化资源，推动优秀的非物质文化遗产保护意识的提高。

（7）普及非物质文化遗产保护意识，提高全社会的非物质文化遗产保护意识。

（8）建立起责任明确、运转协调的非物质文化遗产保护工作机制。

（9）建立一支宏大的高素质的专业队伍，培养一大批热爱传统文化、专业知识精湛、具有奉献精神的非物质文化遗产保护工作者。

（四）未来

随着我国人民对本土文化认同的加深和政府的重视，非物质文化遗产的申报近年在逐步升温。我国是一个历史悠久的、统一的多民族国家，文化遗产非常丰富，可以开列申报的热点项目有很多，如代表禅武文化体系精髓的少林功夫，蕴含着丰富文化内涵的中医中药文化，集民俗工艺大成的民间剪纸，有7000年历史的漆艺，始于唐宋民间的木版年画，有1600年历史的南京云锦，以自然和声为主要特点的侗族大歌，起自晋唐时代的“音乐活化石”南音，世界最古老的音乐之一的纳西古乐，融技术和艺术为一体的千古绝唱川江号子……这些项目正在期待或已经跻身于中国申报非物质文化遗产代表作的名单中，并在积极申报世界非物质文化遗产名录。

三、饮食类非遗项目的现状

近年来，餐饮业开始关注非物质文化遗产的保护，文化和旅游部于2005年在全国范围内组织了非物质文化遗产调查，饮食类项目在非物质文化遗产名录项目所占的比例进一步提高。在第二批国家级非物质文化遗产名录“传统技艺”项目中，出现了“全聚德”挂炉烤鸭技艺、“同盛祥”牛羊肉泡馍制作技艺、“六必居”酱菜制作技艺等70多种制作技术。更多饮食类项目也出现在各地区最新的非物质文化遗产名录中。罗哲文（中国文物学会专家）对饮食文化能否成为非物质文化遗产的讨论有着独到的见解，他认为民族饮食习俗文化有着独到的制作技术和深厚的文化意蕴，应该成为中国的非物质文化遗产。民族饮食不仅是食品，也是生活方式和文化体验的一种体现，中国很多老字号餐饮酒店都保留着几道传统的、正宗的菜品，这些菜品彰显了独特的品牌形象、蕴含着古老的饮食习俗文化。他还通过收集文物和文献等，用照片、文字或者视频的方式将民族饮食及对应的习俗文化保存下来，申请了专利或者成立专项基金对此加以保护和传承。近年来，中国以行业协会为主，以当地民族美食为纽带，联合相关餐饮企业建立了传统饮食产业化基地，以促进民族饮食习俗文化的传承发展。还有一些饮食产业基地在地方政府的支持下建立并发展起来，并形成了具有地方特色和民族特色的饮食文化产业集群。

（一）通过节庆活动和传媒宣传展示饮食类非遗文化

目前，各级政府更加重视非物质文化遗产的推广，通过参与节庆活动、组织和利用媒体宣传非遗产项目、树立民族饮食的品牌形象等活动逐步扩大民族饮食习俗文化的社会影响力，进一步提升国民的非遗食品项目保护意识。如通过非物质文化遗产节，向民众展示传统食品的制作技术，取得了良好的社会反响。各地积极参加中国商标节、农产品展示会、西博会等大型活动，也在很大程度上提高了我国非遗产项目社会认知度。此外，传统媒体、互联网等新媒体也是传播民族饮食习俗文化的重要工具。

（二）饮食类非遗文化博物馆

非物质文化遗产的演变发展经历了漫长的历史过程，他们有其自身的特点和发展规律，有些消失在历史的长河中，有些处于濒临消亡的状态，还有一些得到了广泛的继承和传播。博物馆应充分利用自身优势，通过各种保护和展示方式，记录和展示各种民间工艺品、工艺流程、民间民俗活动等资源，并将其弘扬和传播下去。当前，一些正在建设或者已经建成的饮食文化类博物馆在实现保护和促进民族饮食习俗文化类非遗产项目做了突出贡献，达到了传播饮食文化知识和促进饮食文化发展的教育目的。如浙江省绍兴市的中国酱文化博物馆、保宁醋博物馆、郫县古城镇的成都川菜博物馆等都是保护和传播民族饮食文化的重要平台。这些博物馆重构了历史性的人物与场景，通过照片、文字、视频等方式再现饮食文化的发生和发展的具体场景，通过拾遗补珍、珍藏见证的方式来重现饮食文化的历史发展，为人们上了一场生动的文化课程。这些博物馆经常举办各类饮食文化活动，引导人们回顾饮食文化发展历史，呈现人类饮食文化的发展历程，对于饮食类非物质文化遗产的弘扬和传承起到了十分重要的作用。

（三）民族饮食习俗文化类非物质文化遗产转型

研究和利用传统技艺类非物质文化遗产不仅是为了经济目的，也是为了在挖掘传统技艺类非物质文化遗产经济价值的同时更有效地进行保护和传承，在此基础上获得更多的经济利益，使二者形成良性的循环，实现经济利益与文化遗产保护协调发展。开发传统饮食类非物质文化遗产类旅游项目，把它作为一种特殊的旅游资源具有重要的文化意义和教育价值，可以帮助旅客在体验当地风土人情的同时，领略和学习饮食文化，既满足了旅客休闲娱乐的现实需要，又增加了旅客的文化知识，提升游客的民族自豪感和自信心，使游客在游玩、观赏时感受饮食文化内涵。现代化的进程一定程度上破坏了很多非物质文化遗产所赖以生存的农业基础，但这不意味着现代化与非物质文化遗产的完全对立，而是文化产业的蓬勃发展把文化和经济结合在了一起。政府还应加大对传统饮食类企业的扶持力度，以降低企业的成本、提高企业经营的运营灵活性、鼓励员工的工作积极性，从而提升企业在市场上的竞争力。

任务二　武陵山区非物质文化遗产

一、武陵山区概述

武陵山，位于渝、鄂、湘、黔四省（市）的交界处，夹在成都、江汉两大平原与湘中盆地之间，地处由平原地带向云贵高原抬升的过渡区段，多呈岩溶地貌发育。武陵山是褶皱山，山脉为东西走向，呈岩溶地貌发育，主峰在贵州的铜仁地区——梵净山。武陵山总长度420公里，最高峰为贵州的凤凰山，海拔2570米，一般海拔高度在1000米以上。武陵山区，也称武陵山片区，为武陵山脉覆盖的地区，是以武陵山脉为中心的渝、鄂、湘、黔边境邻近的一个自然区域，是国家西部大开发和中部崛起战略交汇地带，是国家重点扶持的集“老、少、边、穷、山”为一体的贫困片区之一。武陵山区以喀斯特地貌为主，峰峦叠嶂，怪石林立，民族风情独特。武陵山区属于云贵高原边缘地带，总面积达17.18万平方公里，2020年末总人口达3645万人，其中，城镇人口853万人，乡村人口2792万人，是我国跨省交界人口最多的少数民族聚居区之一，聚居着土家族、苗族、侗族、白族、回族、仡佬族等9个少数民族。

武陵山区具有地理、人文、民族、文化等方面的同一性，区内山同脉、水同源、树同根、民同俗，山脉相连，地缘相近，文化相融，民俗相通，发展水平相当，经济交往久远，是一个在自然环境、经济社会发展方面同一性较强的相对完整和独立的地理单元，因此具备将其作为一个整体进行研究的可能。武陵山区是全国14个集中连片贫困地区之一，共有71个县（市、区），其中，湖北11个县市，湖南37个县市区，重庆7个县区，贵州16个县市。该片区中，有42个国家扶贫开发工作重点县，13个省级重点县，是我国最为集中的贫困县聚集区之一，经济和社会发展问题较为特殊和突出。武陵山区所具有的山区贫困连片、少数民族聚集等特点，也使其成为名副其实的集中连片特殊困难地区。根据不同的划分标准，武陵山区有不同的范围界定。无论如何划分，武陵山区本应是一个具有较强同一性的相对完整的自然区和经济区。但由于行政区划分割，使该地区处于渝、鄂、湘、黔四大省（市）行政中心的环形空洞区，交通不便，产业同构，重复建设严重，有限资源难以实现优化配置，经济发展水平相对滞后，旅游开发问题较为突出，旅游资源亟待科学开发。

武陵山片区涉及土家族、苗族、侗族、瑶族、仡佬族、白族等少数民族，这里国家级非物质文化遗产繁多。其中，土家族的都镇湾故事、土家族梯玛歌、土家族哭嫁歌、石柱土家啰儿调、薅草锣鼓（五峰土家族薅草锣鼓、宣恩薅草锣鼓、长阳山歌）、土家族打溜子、土家族咚咚喹、南溪号子、土家族摆手舞（武陵山摆手舞、恩施摆手舞、酉阳摆手舞）、土家族撒叶儿嗬、武陵山土家族毛古斯舞、肉连响、灯戏、花灯戏（思南花灯戏）、傩戏（鹤峰傩戏、恩施傩戏）、南剧、张家界阳戏、三棒鼓、土家族吊脚楼营造技艺；苗族的苗族古歌、盘瓠传说、靖州苗族歌鼟、苗族民歌（武陵山苗族民歌）、武陵山苗族鼓舞、剪纸（踏虎凿花）、苗族挑花、苗画、苗族银饰锻制技艺、苗医药（癫痫症疗法、钻节风疗法）、苗族服饰、苗族四月八姑娘节；侗族的芦笙音乐（侗族芦笙）、侗戏、傩戏（侗族傩戏）、玉屏箫笛制作技艺、侗锦织造技艺；瑶族的花瑶挑花、瑶族民歌（花瑶呜哇山歌）；仡佬族的仡佬毛龙节、仡佬族傩戏；白族的桑植仗鼓舞等。

二、武陵山区非物质文化遗产特点

非物质文化遗产是文化遗产的重要组成部分，蕴含着中华民族特有的精神价值、思维方式、想象力和文化意识，体现着中华民族的生命力和创造力。加强非物质文化遗产保护，传承民族文化，是连接民族情感、增进民族团结和维护国家统一及社会稳定的重要文化基础，对于实现经济社会的全面协调可持续发展具有重要意义。武陵山区的非物质文化除了具有中国传统文化的一般性质外，其本身还有极为鲜明的个性。

（一）民族性

武陵山地区历来多民族杂居，少数民族文化与汉文化并存，形成了极为深厚的民族文化。“改土归流”“湖广填四川”等，很大程度上推动了当地农业经济的发展，加强了封建统治的基础，也使汉文化基础迅速形成。同时由于长江、乌江等水路的开通，促进了武陵山文化交流，加速了当地经济的发展和繁荣。许多民族如土家族、苗族、侗族等，在这块土地上演绎了一幕幕的历史话剧，所以该区域的文化、民族独具特性。文化变迁，民族更替模式具有独特的代表性。尤其是一些驻足过西南的古代民族在世界历史的舞台上曾经创造过辉煌的文化，给世界历史留下了鲜活的画卷。

（二）多元性

从严格意义上讲，任何文化形态都是多元的。从人类文化的历史看，人类文化是一个从相对一元走向相对多元的历史，文化从一元走向多元，从封闭走向开放，从专制走向民主，是一种不可阻挡的历史趋势。武陵山区的文化是以当地原有的少数民族文化为基础，广泛吸收汉文化而形成的，是中华民族文化的重要组成部分。目前武陵山作为民族团结进步示范区，各地都在举办非遗进社区、非遗进校园等活动，促进多元民族文化的融合，这不仅使富有地方特色的非遗项目能薪火相传，同时为满足人民群众的精神生活提供了更丰富的内容。

（三）聚合性

武陵山非物质文化具有很强的聚合力。尽管文化的聚合是一个复杂的过程，绝非一时之功，但可以肯定的是武陵山区的非物质文化遗产的形成是一个漫长而复杂的过程。武陵山非物质文化作为中国传统文化的一部分，在中国文化史上占有重要地位。在武陵山非物质文化遗产形成和发展的同时，也承担了文化交流与融合的通道和桥梁作用。汉文化与少数民族原有文化在这里交会，中国文化与外来文化也在此融合。

非物质文化遗产是民族文化的精华，是民族精神的结晶，保护非物质文化遗产是功在当代、利在千秋的大事。武陵山区历史悠久，文化底蕴深厚，千百年来，武陵各族人民在长期的生产实践中，形成了种类繁多、内容丰富、特色鲜明的非物质文化遗产。武陵山各地区关于非物质文化遗产保护工作的安排部署，坚持“保护为主、抢救第一、合理利用、传承发展”的工作方针，坚持“政府主导、社会参与，明确职责、形成合力，长远规划、分步实施，点面结合、讲求实效”的工作原则，健全机制，强化措施，突出重点，整体推进，将少数民族民间文化遗产原状地保存在其所属的区域及环境中，使之成为“活文化”。因此，武陵山片区正在打破行政区域限制，共建跨省域的武陵山区国家级文化生态保护实验区。

三、武陵山区的独特饮食

得天独厚的山区环境和冬暖夏凉四季分明的气候条件，山川终年更换着清淑之气，钟于人，亦钟于物，使武陵山地域万物丛生，饮食资源丰富。武陵山区有众多野生植物可直接食用，如山竹笋、椿木巅、百合、蕨、葛、枞菌、桐菌、草菌、荞粑菌、罐罐菌、猴头菌、地木耳、黑木耳、胡葱、白蒿菜、糯米菜、地米儿菜、鸭脚板、折耳根等，难以数计。动物是饮食中肉类的重要补充来源。区域内食用动物品种繁多，为武陵山饮食开辟了一个珍贵的门类，但其中的穿山甲、娃娃鱼属国家二级保护动物，野猪、麂子、乌梢蛇、眼镜蛇、五步蛇、灰胸竹鸡属重点保护动物，禁止食用。粮食作物主要品种有水稻、玉米、薯类、麦类、豆类以及高粱、粟、荞等。秀丽的自然环境和得天独厚的地理条件养育了武陵山人，而勤劳、勇敢、充满智慧的各族人民充分利用大自然的赋予制作出各种美食。

武陵山区饮食民俗文化源远流长，武陵山区的饮食文化产生于自然环境和人文环境之中而又反映出二者特色，并随着人类社会物质文化和精神文化的发展而不断丰富。

（一）饮食丰富文化丰厚

武陵山各民族历史文化源远流长，分布在中国文化沉积带的中部，长期接受农耕文明的影响，形成了丰富多彩的岁时信仰食俗，如过赶年、敬牛王、过月半等，在各种岁时或者不同祭祀中，食料及其做法也不同。这里连山叠岭，险峡急流，历史的节拍比外围地区舒缓，所保存的古代文化信息特别丰富，在饮食习俗中还流传着诸多典故，在地方文献中也能追溯其源流，致使武陵山饮食文化有着深厚的文化底蕴。

饮食文化本来就离不开“土”，土生万物，没有“土”就没有饮食文化的根基。我们开发武陵山饮食文化资源，大可不必忌讳其“土”，而是要在这种“土”的基础上，建构起新的、现代的、科学的能为五湖四海的人们所接受的饮食文化，“土”的神韵在武陵山旅游中与自然风光交相辉映，相得益彰。如春社习俗，春社日的重要饮食风俗是吃社饭，这种风俗在武陵山区的地方志中都有记载，清同治二年（1863年）的《宣恩县志·岁时民俗》载：“‘春社’，作米粲祭社神，曰‘社粲’”；清同治五年（1866年）的《来凤县志·岁时民俗》载：“‘社日’，作米粲祭社神。……切腊肉和糯米、蒿菜为饭，曰‘社饭’，彼此馈遗”。社日期间，人们“吃转转席”，也就是家家请，户户接，相互邀请吃社饭。社宴散时，主人还要给客人馈赠一些社饭带回家；未能赴宴的人家，主人还会派家人把社饭送到府上。

（二）善烹佳肴

武陵人善于制作各种菜肴，常用的名菜有多种：一是土家腊味系列。武陵山腊味品种繁多，腊月杀猪以后，把肉腌半月，挂在火炕上熏干成腊肉；此外，还有腊羊肉、腊牛肉、腊狗肉、腊鸡肉和腊香肠以及腊泥鳅、腊鱼、腊野味等。诸种肉食，无不成“腊”。以腊猪肉为例，可说是从头到尾，从外及内，均可熏制。由于武陵山腊味熏制原始，顺应自然，历时较久，因而肥肉黄亮、瘦肉红紫，味浓香而质松软，肥而不腻，甜而不涩，味道独特。在武陵山熏制肉食中，还有一种称为“巴”的腊制品，即肉食切成薄片后加佐料风干熏制，兼有腊味与香肠的口味，别具一格。二是灌肠粑，用猪血拌糯米，灌入猪大肠内，然后蒸熟置于通风处悬挂储存。食用时，切片。三是血豆腐，将猪肉、猪血和豆腐捣烂，加上辣椒、花椒等佐料拌匀后，做成圆坨状，再用竹筛吊在火炕上熏干。四是木耳炖鸡肉，将鸡肉炒熟后，加木耳炖焖。五是板栗炖鸭肉，将鸭肉炒熟后，加板栗炖焖。六是酸菜系列，武陵山酸菜取材广泛，依腌渍方法可分为醋酸菜、泡菜、干酸菜等。醋酸菜如吉首地区的醋萝卜、醋莴笋等，将蔬菜块茎置于酸水之中泡渍一两天，食时辅以麻辣佐料，入口爽脆，多似水果，酸辣如佳肴，既可做餐前开胃小食，又是闲暇时的零食。泡酸菜如麻阳的甜酸仔姜，色泽晶莹、质脆味美。干酸菜如保靖的酸茄干、龙山的酸大头菜，坛香浓郁，久嚼而味益浓。在武陵山，不但蔬菜可腌渍做酸菜，粮食作物乃至肉食也可做成酸菜，前者如包谷酸、糯米酸辣子（当地称“包辣子”），包谷酸加干辣椒或辣油炒香，口味独特。糯米酸辣子用糯米粉填充于鲜红椒中腌制而成，食用时用油整只煎炸，颜色红亮，焦香微辣，入口后先酥后绵，有滋有味。后者有如小米酸鱼、酸肉，烹食时鲜味依然，微酸不腻。七是野味野菜野果系列，许多野味属于禁猎的珍稀动物，但利用山区地理条件之便进行人工饲养，作为野味菜肴，仍是有发展前景的。至于野蔬野果，在武陵山更是不胜枚举，诸如野蕨菜、野胡葱、野葛粉、香椿芽、百合、魔芋、蒿菜、鸭脚板、地荠菜、葛根等都是口味独特、营养丰富的入馔小菜。可以说，野味和野菜构成了武陵山饮食文化中一道独特的风景线。

四、武陵山区饮食特点

（一）饮食具有多元性

走进武陵山饮食世界，口味既有川菜之麻辣、湘菜之酱香、更有武陵山独有的糯、酸、熏、炸等特色，可谓绚烂多姿。武陵山人过年杀年猪、熏腊肉、灌香肠、蒸灌肠、打糍粑、炸团馓、炒炒米，舍巴节煮社饭，清明节春蒿子粑，端午节包粽子，中秋节鸭子焖板栗，跳香节打豆腐、做香粑。土家提前过年吃“合饭”，跳摆手吃“刨汤”。苗家椎牛吃“牯脏”，大摆牛肉宴。在强大的城市化、快餐化、饮食饮料的冲击下，武陵山特色饮食正在消亡，保护和传承这些饮食文化势在必行，这些多彩的饮食文化将会在旅游业发展中展现出自身无穷魅力。

（二）武陵人食味尚酸喜辣

“桌上不摆酸，龙肉也不香”“三天不吃酸，走路打闹蹿”，酸可提味消食、防腐治病，故而生活在武陵山的各族人民均酷爱酸食。武陵山的酸食颇多，尤以酸肉、酸鱼、酸辣子、酸汤、青菜酸、豆荚酸、胡葱酸、醋萝卜最受欢迎。其中，永顺的青菜酸，曾为土司纳贡之珍品，色鲜味美，清香爽口。泡酸萝卜，集酸、甜、咸、辣为一体，色泽鲜红似火，不仅是诱人的零食，更是酒席上常见的一道风味小吃。武陵山辣椒生产居蔬菜类生产的首要地位，家家户户都有辣椒常年备用，每餐不离辣椒，每菜必以辣椒作佐料，在武陵山流传的一句话是“吃得辣椒出得门”。

（三）自然饮食之风盛行

旧时的武陵山，人们生活贫困，山中的野菜、野味、野果、野菌，常是人们果腹充饥的食物。而今，在返璞归真意识的影响下，珍馐美馔以及自然的制食之风更是备受人们的青睐，游客们纷纷走进农家，享用“农家乐”已成武陵山饮食时尚。武陵山饮食文化生成之因有四：

一是历史变迁的作用。武陵山饮食风味和习俗的形成，无不打上历史的烙印。战国时期，通过楚巴之战，巴蜀种茶饮茶技术和习俗传入湘西、鄂西等地区。五代时期，江西彭氏入主武陵山，带来了长江中下游地区的饮食习俗。明清时期，王朝在武陵山苗疆征战，带来了江浙沿海一带的饮食风味。近年来，湖南省龙山县秦代里耶古城及36万余枚秦简的发掘，楚蜀通津的古丈白鹤湾战国楚墓群大量灶、釜、井、壶、罐、豆等炊具食具的出现更是雄辩地揭示了中原封建王朝的势力早在战国时期已达武陵山山区，及各族人民的食礼食规和饮食文化在酉水河一带相互交流、融合、借鉴的历史事件。

二是地理环境的影响。由于武陵山土家族、苗族长年居住在崇山峻岭之中，生产力水平不高，经济落后，过去曾有“九山半水半分田，包谷粉子过个年”的穷苦生活写照，武陵山先民刀耕火种，广种薄收，为了解决冬春两季缺菜的困难，便依靠加工腌制贮存酸菜，当地人几乎将所有蔬菜都用来制作加工成可口的酸菜，苗族人家甚至把肉食也加工成酸荤菜，苗家酸菜因其烹调方法简单，味道鲜美独特，亦深受他乡异客的青睐。

三是阶级压迫的结果。封建统治时期，武陵山人长期处于统治阶级的歧视和压迫之下，连日常生活中须臾不可离开的食盐，也有条条禁律，严格控制。武陵山地区不产盐，吃盐全靠从外地运来，主要是四川的井盐，俗称“锅巴盐”，统治者规定苗人食盐限量供应，人为造成食盐供求紧张与矛盾。更由于地方贪官和奸商合伙勾结，囤积居奇，哄抬盐价，致使普通苗民根本买不起盐，为了民族的生存，苗族人民只有以酸代盐。又传说，苗民因为无盐，吃饭不香，吃肉不醇，走起路来软弱无力，全身浮肿，这时，有一个美丽聪慧的姑娘，叫吴月秀，她看到家人都不愿吃那无盐的菜，就找来一个大土钵，装上热米汤，把洁净的菜叶子放在米汤里沤泡。过了几天，米汤变成淡黄色，还发出一股清香的酸味，大家一尝，鲜美异常，从此吃饭也香了，干活也有劲了。从这个传说我们可以看出，武陵山缺盐的历史是酸食习俗形成的原因。

四是观念的导向。在武陵山苗家甚至形成了以家中的酸菜坛子多少来评定家境好坏的风俗，所谓“看坛子，知贫富”，就连小伙子找对象，除了要看姑娘善良美丽，还要看她是否能做得一手好酸菜。

项目二

渝东南地区非遗美食

任务一　黔江鸡杂制作技艺

一、非遗美食欣赏

黔江鸡杂是黔江的一道特色菜肴，运用土家烹饪方式，主要以鸡肠、鸡肝、鸡心、鸡肾等内脏为原料，辅以黔江特制的泡菜（以酸姜、酸辣椒为主）、本地土豆、芹菜、洋葱等，经爆炒、加汤煨制而成。食用时置于文火上，可以于锅内添加白菜、豆芽、冬瓜、青菜等各类小菜，还可以辅以米豆腐、豆腐乳、糟海椒等小碟蘸吃，边煮边吃，口味麻辣兼备，色鲜味美，醇香可口，是土家菜肴里最负盛名的特色菜。

鸡杂作为一道历史久远的盘菜，食用的方式多种多样。早在清代乾隆《调鼎集》中就记载有“鸡杂”一项，并记载有一道“咸菜心煨鸡杂”菜品：“一切鸡杂切碎，配火脚片、笋片，清水煮去咸味，挤干，同入鸡汤、酒、花椒、葱、飞盐煨。”这描述已经有一点煨鸡杂的感觉了。在清末《成都通览》中也记载南馆菜中有一道鸡杂，只是没有谈到是何种烹饪方式。

黔江鸡杂改良为一种煨锅的鸡杂并成为一道有影响的江湖菜的时间是20世纪90年代。当时鸡杂最开始在黔江的小馆子中出现，一名叫李长明的餐馆老板，把制作歌乐山辣子鸡剩下的鸡血、鸡杂、泡菜，混在一起炒，得到很多朋友的认可，随后这种酸辣鲜美的味道得到更多消费者的认可，黔江鸡杂就在黔江流传开了。李长明因此开创了首家长明黔江鸡杂店，而后出现了国庆鸡杂店、阿蓬记鸡杂、天龙鸡杂、苏锅锅黔江鸡杂店等名店。后来，巴蜀地区乃至全国各地都出现了不少黔江鸡杂店，黔江鸡杂逐渐成为在全国都有一定影响力的江湖菜。2015年黔江鸡杂列为重庆市第五批市级非物质文化遗产；2018年9月10日，黔江鸡杂在河南郑州举办的2018首届向世界发布“中国菜”活动暨全国省籍地域经典名菜、名宴大型交流会上上榜。

现在黔江区为宣传黔江鸡杂也正在深度发掘黔江鸡杂历史及渊源。清咸丰年间，黔江大地主罗炳然在现在的小南海修建罗家祠堂，时任罗家主厨的土家青年阿记哥哥，和非常漂亮的罗家千金幺妹悄悄好上了。罗老爷将幺妹许配给邻县酉阳冉土司的公子，幺妹不从，被罗老爷关在绣花房饿饭。阿哥万分心疼，但又不敢偷送厨房饭菜。没办法，阿哥悄悄捡起罗家杀鸡时扔掉的内脏，来到板夹溪，用冰凉的溪水清洗干净，支起石板当锅，佐以泡菜烧熟后，味道非常鲜美。晚上，阿哥吹木叶为暗号，悄悄给幺妹送饭，幺妹吃得特别欢喜。但不久后，被管家发现了，阿哥被罗老爷绑在大跨岩的石崖里。时逢咸丰六年，小南海地震爆发，大跨岩山崩，阿哥和石头一块滚下山坡，阿哥顾不上受伤，跑到幺妹的阁楼，不顾猛水和滚落的瓦石，使劲砸开窗户，将幺妹救了出来。最后，阿哥因伤势过重，被洪水淹没，沉入了海底。幺妹伤心欲绝，也纵身跳进海里……100多年过去了，人们在潜水发掘水下罗家祠堂时，发现了一个用防水油皮纸包裹的一个菜谱，里面记载了黔江鸡杂的配方和工艺。

二、制作方法

1. 主辅料：鸡肫、鸡心、鸡肝、鸡肠、蒜苗、青椒、土豆、干辣椒、泡红辣椒、蒜、老姜、泡姜、大葱、菜油、料酒、泡野山椒、泡酸萝卜、生粉、盐、生抽、白糖、胡椒粉、鸡粉、味精、猪油、洋葱、芹菜等。

2. 原料处理。把新鲜的鸡杂（鸡肫、鸡心、鸡肝、鸡肠等）洗净，鸡肾、鸡肫对剖剞成花形小块，鸡心用滚刀片成薄片，鸡肠切长节。将刀工处理后的鸡杂入碗，加老姜、大葱、盐、料酒码味后，加淀粉拌匀待用。淀粉的作用是增加口感的嫩度。另将泡姜剁碎，泡酸萝卜切条，泡椒切成节。

3. 热炒辅料。锅内放入泡椒红油烧热，投进泡姜米、泡红辣椒、姜片、泡酸萝卜、青红花椒、五香料炒出香味，掺入鲜汤，下盐、白糖、料酒、胡椒粉、鸡精、味精等调味备用。

4. 爆炒鸡杂。锅内放入猪化油烧热，先下鸡杂爆炒散籽后，速放姜片、蒜米、泡姜、泡红辣椒（剁蓉），炒至刚熟，加入炸好的土豆、洋葱、蒜苗、芹菜等。即倒入先前准备的热炒辅料，随后转入火盆锅内。

5. 淋油出锅。另起净锅下熟菜油，烧至六成热，速放干辣椒节，炸至色棕红、辣味浓时浇入火锅盆内鸡杂上，加香菜即成。吃时可配魔芋、鸡脯肉、芋儿粉丝、凤尾菇等软嫩原料涮食。

三、注意事项

1. 要去除鸡杂的腥膻味，可用生粉和盐搓洗，再用清水冲洗干净。

2. 鸡杂下锅后要快速爆炒，炒至变色便可起锅，否则鸡杂容易炒老，口感和风味会变差。

3. 泡椒的咸味较重，给鸡杂调味时应先试味再下调料，否则成菜容易过咸发苦。

4. 蒜苗能增加菜肴的香味，下锅后不可久炒，否则易失去脆嫩的口感，以炒至断生为宜。

四、风味特色

黔江鸡杂运用土家烹饪方法，使用鸡的内脏，即鸡心、鸡肫、鸡肠和鸡肝之类为原料。黔江鸡杂是地道的重庆江湖菜，鸡杂的腥膻味重，将其与辣椒、泡椒和葱姜蒜同炒，用热菜油烹饪红艳艳的泡椒、粉嫩嫩的泡萝卜丝，既可以去除鸡杂的异味，还使成菜脆嫩鲜香，辣得人食欲大增。

知识链接

鸡肫也称鸡胗。为雉科动物家鸡的干燥砂囊内膜（胃内膜），将鸡杀后，取出砂囊后剖开，趁热剥取内膜。鸡肫多为不规则长椭圆形片状，有波浪皱纹，表面呈金黄色、黄褐色或黄绿色，质薄有光泽，胶质样的膜。有腥气，味苦淡，以干燥、完整、个大色黄者为佳。

鸡肝，为雉科动物家鸡的肝脏。选购鸡肝的时候先闻气味，新鲜的是扑鼻的肉香，变质的会有腥臭等异味。其次，看外形，失去水分后的鸡肝边角干燥。然后，看颜色，土黄色、灰色，都属于正常，黑色是不新鲜的，或者是酱腌的，鲜红色是加了色素吸引顾客的，颜色越本色越放心。鸡肝食用前应冲洗10min，然后放在水中浸泡30min。烹饪时至少应该在急火中炒5min，使肝完全变成灰褐色，看不到血丝。

任务二　洪安腌菜鱼传统制作技艺

一、非遗美食欣赏

秀山位于重庆东南端，是重庆、贵州、湖南三省市交界地，有“渝东南门户”之称，是沈从文笔下《边城》的原型地，也是刘邓大军入川的第一站。清代名人章恺曾诗曰“蜀道有近时，春风几处分；吹来黔地雨，卷入楚天云”，描绘了秀山“一脚踏三省”的地利之优。洪安腌菜鱼因发源于秀山县洪安镇而得名。这道美味佳肴的食材选用了湖南的鱼、贵州的豆腐、重庆的农家腌菜，故称为“一锅煮三省”，是体现三地“和谐”的象征。

洪安腌菜鱼的烹饪方法、主料选择十分讲究。洪安腌菜鱼选用三种精心挑选的主料，加以腌菜、辣椒、花椒熬煮即成。整锅鱼看起来色泽红润，有辣椒的红，豆腐的白，酸辣的香气扑面而来，令人垂涎欲滴。

边城洪安古镇旁的清水江，江中的鱼大多数来自下游的湖南流域，由于江水清澈见底，产出的鱼肉质细嫩，入口即化。腌菜是重庆特产，当地盛产的青菜含叶绿素特别高，把这种菜经过特殊方法处理做成腌菜，具有止咳、生津、开胃、健脾之功效。之所以选用贵州的豆腐也是十分讲究，贵州的豆腐精选优质黄豆作为原材料，经过师傅精湛的技艺制作，豆腐细嫩滑，颜色雪白，香味扑鼻。主料选好后，加以葱姜蒜、辣椒、香油以及特制的底料熬煮即成。这一锅鱼里汇集了三省的水土人文，辣椒的红、豆腐的白、酸菜的香完美结合。吃过之后让人唇齿留香，久久回味。

二、制作方法

1. 主辅料：黄辣丁鱼、秀山腌菜、豆腐、泡红椒、野山椒、小葱、大蒜、鸡蛋、料酒、精盐、大葱、老姜、淀粉等。

2. 原料初加工。黄辣丁鱼的背部有刺，洗鱼的时候可以剪掉。将鲜活的黄辣丁鱼洗净，开膛去除杂物。准备撕嘴之前，先用左手掐住两侧鱼刺，将鱼腹朝上，右手用拇指、食指掐断两鳃连接的地方，然后用力往鱼尾方向拉，露出鱼的内脏后，先取鳃，后掐断鱼肠，就可以很轻松地把鱼肠都清理干净了。由于黄辣丁鱼下颚的两边各有一根大刺，边缘都是细细的倒刺，又尖又利，还有毒，所以处理黄辣丁鱼时要格外小心，要防止被刺伤。黄辣丁鱼初加工后用料酒、精盐、葱姜码味。将鸡蛋清和淀粉调制成蛋清浆，腌青菜切成薄片，野山椒、泡红椒剁细。

3. 锅内放油烧至六成热，放入腌青菜、姜蒜米、野山椒、泡红椒末炒香，放入鲜汤烧沸出味，再放豆腐、精盐、胡椒粉、味精调味，做成烧鱼汤底。

4. 将黄辣丁鱼拌匀蛋清浆后放入含有汤料的锅内煮熟起锅，装入汤锅再撒上葱花即可。吃完洪安腌菜鱼，再在锅里煮上当地特有的手工面，这腌菜鱼才算是吃得有始有终。

三、注意事项

1. 原料的选择一定是湖南的黄辣丁鱼、贵州的豆腐、重庆的农家腌菜，才能制作出最地道的洪安腌菜鱼。

2. 腌青菜要用菜油炒香，加鲜汤熬出味道之后才能够加精盐调味，鱼条下锅以断生刚熟为佳，不宜久煮。

四、风味特色

洪安腌菜鱼的烹饪方法别致，色泽鲜美，香气浓郁，味道酸辣可口，是酉水流域最具代表性的特色美食之一。

知识链接

秀山腌菜：一般选用新鲜的芥菜晒至七成干，撒上适量的盐，将芥菜和盐充分揉匀，挤干水分，再封入陶罐腌菜坛，密封发酵一周左右即可食用，此过程让腌制的咸菜风味更丰富。

黄辣丁鱼：又名黄颡鱼，是鲿科、黄颡鱼属一种常见的淡水鱼。黄辣丁是一种营养价值非常丰富的鱼类，含有大量的蛋白质，钙、磷等矿物质，还含有维生素A、B族维生素、维生素C等营养元素。适量地吃一些黄辣丁，可以起到利水消肿、增强免疫力、调节血压的功效，含有的B族维生素还可以营养神经、改善记忆力，并且具有一定的清热利湿、解毒、通经下乳的功效。

任务三　黔江濯水绿豆粉传统制作技艺

一、非遗美食欣赏

绿豆粉是土家少数民族的美食，自古以来被当地人称为“养生美食粉”。土家绿豆粉主要是由绿豆、大米经精细加工制成。绿豆是夏令饮食中的上品，它有很高的营养价值，又名青小豆，因其颜色青绿而得名。濯水绿豆粉历史悠久，早在宋朝年间便有记载，宋人陈达叟将其列为鲜美的、无人间烟火气的素食二十品之一。“游古镇老街，看后河古戏，品土家美食，听阿蓬水音”是黔江濯水古镇旅游的四大亮点。游客在游览古镇的同时，吃一碗独具特色、传统手工制作的绿豆粉，大饱眼福之余也可以大饱口福。早在2008年，濯水绿豆粉制作技艺就入选了重庆市第二批非物质文化遗产保护名录，成为黔江人舌尖上的“非遗”。

二、制作方法

1. 主辅料：绿豆、黄豆、大米、青菜、猪肉臊子、味精、精盐、老姜、大蒜等。

2. 制作绿豆粉讲究“泡、磨、烙、烫”四道工序。先将上好的大米洗净，加入一定比例的黄豆和绿豆，在清水中浸泡两天。待米粒稍稍变软，然后用大石磨磨成浆。磨浆时也有讲究，在石磨旋转的时候必须有专人用木勺向石磨的磨眼里添加原料，添加的时间和分量也必须要恰到好处，磨出来的米浆才能浓稠适中，达到制作绿豆粉的上佳状态。

3. 在石磨的作用下，米粒和黄豆、绿豆混在一起，慢慢磨成白色混合液，从磨缝中缓缓流出，在磨盘内汇聚成流，最后流到位于磨盘出口附近的容器内。同时，灶旁边的大平铁锅需要旺火烧热。

4. 先将大铁锅涂上菜油，然后迅速在漏斗里灌满米浆，以锅为纸，以浆为墨，从锅的边缘开始，均匀地将米浆从细细的漏斗口流到锅面上，由外向内，恰似一个个大小不一的同心圆，当圆圈画到锅的最中心，漏斗里的浆也刚好用尽。随即，拿起放在大铁锅旁的木质锅盖盖上铁锅，焖约1分钟，绿豆粉就熟了。揭开锅盖，热腾腾的绿豆粉散发出诱人的香味，用竹刷把轻轻一撩，香喷喷的绿豆粉便出了锅。丝丝缕缕被轻轻一提一卷，整齐地码放在竹簸箕里。

5. 制作好的绿豆粉易保存。吃的时候，放进滚水里烫1分钟便放进大碗，佐以青菜、食盐、姜、蒜、猪肉臊子后，香味扑鼻而来，令人食欲大动。

三、注意事项

1. 绿豆与大米的浸泡比例一般是10∶1，绿豆太多容易导致绿豆粉断裂，为了绿豆粉颜色更绿可以适量加入青菜汁。

2. 烙的过程中操作人员一定要手稳，一气呵成，否则不易成型。

3. 起锅过程一定快、准，否则容易烫伤手掌。

四、风味特色

绿豆粉口感醇厚，绵香悠悠，具有清热解暑功能，吃起来清香可口。一碗汤粉淋上用猪肉、牛肉、杂酱、牛肚或肥肠熬制的臊子，闻一闻，浓香四溢；吃进嘴里，口感爽滑，一碗下来，尽是满足。

知识链接

绿豆：又称交豆、青豆子等，为豆科植物绿豆的种子。绿豆原产于我国及印度、缅甸一带，已有2000年以上的栽培历史，现全国各地均有栽培。绿豆素有“济世良谷”之美称，明代医药学家李时珍称绿豆为“食中要物”“菜中佳品”，并列举其多种作用：“可作豆粥、豆饭、豆酒、炒食，磨而为面，澄滤取粉，可以作饵顿糕，荡皮搓索，为食中要物。以水浸湿生白芽，又为菜中佳品。”

绿豆是我国人民的传统豆类食品。我国不少地区百姓每逢农历腊月初五，都喜欢在这一天用绿豆、蚕豆、豇豆、黄豆、豌豆一起煮饭而食，称为“五豆饭”。据说此源于宋代大文豪欧阳修喜欢吃“五豆饭”，民间仿效，相沿成俗。

我国各地均有用绿豆磨成粉后制作糕点及小吃的饮食习惯，如宁波的传统名点“水绿豆糕”，四川特产“蒸绿豆糕”，除此之外还有“京式绿豆糕”“苏式绿豆糕”等，清香芳甜，酥糯味美，是清明节、端午节、夏令时节人们喜食的佳品。用绿豆制作的粉丝、粉皮等，有韧性、耐煮，润滑爽口，品质优良。

猪肉臊子制作：猪肉洗净切成丁，蒜捣碎，加入少许凉开水和香油调成蒜泥汁；麻酱用香油调成稠糊状。锅内注油烧热，先下入葱姜末爆锅，再下入肉丁炒散，烹入料酒，收浓汤汁，加入酱油、精盐和适量清汤炒匀，制成臊子。将蒜泥、麻酱、辣椒油、花椒粉和味精放入碗内调匀，将绿豆粉下锅煮熟捞入调味汁碗内，浇上臊子即成。

任务四　土家油茶汤制作技艺

一、非遗美食欣赏

由于土家族只有语言而无文字，对于油茶汤流传下来的说法也众说纷纭。据传，油茶汤是土家放牛娃在茶山里摆“家家”而发明的。他们在山上拾得一捧油茶籽，放在瓦罐中炒出了茶油，再摘来茶叶放入油中一炸，兑上山泉水，加入随身带来的炒苞谷，越吃越有味。尝到了这种自制的美味，放牛娃们就常在山中做这种最原始的“油茶汤”。后来，此事传到大人们耳中，大人们试着用铁锅、茶油、茶叶等对这种做法加以改进，久而久之就做成了土家族地区常喝的油茶汤，从此油茶汤便在土家族地区流传下来。另一种说法是，大约在明代，土家族人民经常遭受侵扰，被封建统治阶级围攻。到了大年三十这天，人们家中只剩下了一些粗茶叶、茶油、玉米、蒜苗了，于是只好用这些东西烧一锅“油茶汤”过年，从此这一风俗一直沿袭至今。还有一种说法认为油茶汤起源于汉代，因为相传汉伏波将军马援当年驻扎酉阳，因当地多瘴气，使士兵的健康受到威胁，将军便用茶叶、茱萸、芝麻等研成末，再加盐制成汤，供士兵饮用以防瘴气。后来当地百姓纷纷仿效，渐成习俗，遂演变成的“油茶汤”。早在清嘉庆二十三年（1818年）纂修的《龙山县志》上也有清楚的记载：“有所谓油茶者，取黄豆、苞谷、芝麻、米花、腐干、干松菇、腊肉钉，以脂油炮炒之，撩起；下水，油锅内加茶叶，煎数沸，酌碗中，泡诸物饷客以示敬。”“油茶汤”味道鲜美，既能作为食品充饥，又能作为饮料提神。

油茶汤可以单独喝，也可以配上各式辅料喝。据说最讲究的油茶汤辅料有好几十种。不过，一般人家常吃的也就几种：炒米、锅巴、花生米、核桃仁、葵花籽等。传统的喝法是不用勺或筷子，端着碗转着圈喝，讲究把汤和辅料同时喝完，或是拿一根筷子插在碗里慢慢划圈，同时喝汤。要想同时把汤和辅汤都喝干净也需要一点技术，用土家人的话说就是“舌头上要长钩钩”。在土家山寨有些老人喝油茶汤时嘴不用接触到碗，只在碗边上空用巧劲一吸，碗中之物便进入口中，其中趣味，妙不可言。

二、制作方法

1. 主辅料：茶叶、花生、炒米花、玉米花、炒黄豆、豆腐干、核桃仁、大蒜、老姜、猪油、精盐等。

2. 制作前需一口铁锅、一个三脚、一把锅铲和一些柴火就行。不少人家还有专门装盛油茶汤的罐子，有陶的、铁的、铜的、瓷的。装油茶汤时就将罐放在火边煨着，在上山劳动时就装一大罐油茶汤以备午餐时用。

3. 用旺火将铁锅加热，放入菜油，先把花生粒炸成金黄色后装盘。再将豆腐干炸爆开后装盘，炸豆腐干时要掌握火候，不能炸糊。把先炒好（或炸好）的炒米花、玉米花、豆腐果、核桃仁、花生米、黄豆等“泡货”准备好即开始下一步。

4. 把锅中油倒出，加入猪油（因为一般植物油不及猪油香）少许，待油温加热至六成时，把姜末放入油中，同时放入茶叶翻炒至刚好微焦，需要5s的时间，倒入适量水（以淹没茶叶为宜），水沸腾时用锅铲煸炒并略压，目的是茶叶爆开后加水挤压，这样不仅可以出茶汁，茶叶也不会焦角，还可以浸入汤中。

5. 待沸腾1～2min，再加入大量水烧开，放盐调好口味后，舀至碗中，再放入炸好的花生粒、豆腐干、核桃仁、蒜末等，这样可以一边喝汤，一边食用汤中花生粒、豆腐干、核桃仁，如果这时再配上用火烧好的糍粑，吃起来那感觉是满口余香，回味悠长。

三、注意事项

1. 茶要选择当地蒸青的绿茶。

2. 炒茶时加入猪油，要用小火慢慢炒，避免炒糊。

3. 佐料和“泡货”的选用可随客人口味。

四、风味特色

土家油茶汤是一种似茶饮汤之类的点心小吃，香、脆、滑、鲜，味美适口，提神解渴，是土家人传统的风味食品，有民谚曰：“不喝油茶汤，心里就发慌”“一日三餐三大碗，做起活来硬邦邦”“一天不喝油茶汤，满桌酒肉都不香”，同时，喝油茶汤又是土家人招待客人的一种传统礼仪，凡是贵客临门，土家人都要奉上一碗香喷喷的油茶汤款待。

知识链接

蒸青绿茶：蒸青是我国古代的杀青方法，唐朝时传至日本，相沿至今；而我国则自明代起即改为锅炒杀青。蒸青的优点是杀得透，杀得匀，形成了“三绿”的品质特征：使干茶、茶汤和叶底的色泽都特别绿翠，但香气较闷而带青气，涩味也较重，不像锅炒杀青那样鲜爽。我国近年来开始生产少量蒸青绿茶，外销日本，还有恩施玉露名茶，也采用蒸青制法。

制作油茶汤使用的恩施玉露茶产于湖北恩施。鲜叶采摘标准为一芽一、二叶，现采现制。外形条索紧细，匀齐挺直，形似松针，光滑油润，呈鲜绿豆色。内质汤色浅绿明亮，香气清高鲜爽，滋味甜醇可口。叶底翠绿匀整。

任务五　秀山米豆腐传统制作技艺

一、非遗美食欣赏

秀山米豆腐是以粮食为主原料的地方性小食品，因其独到的制作技艺、美味的佐料和丰富的营养价值，深受人们的喜爱。关于米豆腐的传说，有好多种说法，有的人说米豆腐的发明是在远古时代，发明人是神农氏。以前在洪水泛滥成灾时，神农氏为了调动老百姓筑坝抗洪，把大米磨成浆状，加水熬煮成糊糊充饥，有一天，伙房把石灰水当成米浆倒到锅子里面煮，又将这些糊糊装到筛子里面，不久就凝成坨坨，后来百姓取名为米豆腐。

著名作家沈从文的一部《边城》，让秀山闻名于世，秀山很早以前就商贸繁荣，商贾云集，来往人士也带来了米豆腐的做法，米豆腐到了秀山也经过改良成为秀山特色。久而久之，秀山米豆腐就成了人尽皆知的美食。

在吃法上，虽然有直接食用，也有加醋，或者油辣子甚至下火锅吃的，但是大部分都是蘸着米豆腐辣椒吃的，尤其值得一提的是秀山的米豆腐辣椒，秀山人本身就嗜辣如命，所以为了这项特色小吃，秀山人在米豆腐辣椒上可谓下足了功夫，花样繁多的米豆腐辣椒真是让您目不暇接，主流的米豆腐辣椒有以下几种："青椒味辣椒""豆豉味辣椒""山胡椒味辣椒""蒜味辣椒""折耳根味辣椒""香菜味辣椒"，这几种辣椒的口味各有特点，每种都有不一样的感觉。所以吃秀山米豆腐，一定不能少了秀山的米豆腐辣椒。

二、制作方法

1. 主辅料：精白米、生石灰、盐、酱油、姜米、蒜末、葱花、油淋辣椒粉、豆瓣酱、酸萝卜、醋、香油等。

2. 制作设备及工具准备，磨浆机（或石磨）、煮锅、筛子（铁皮筛或竹）、水缸、盆、勺等。

3. 备料用普通籼米即可。要求米质新鲜、无杂质，不能用糯大米，因其黏性大，不易制作；石灰，要用新鲜生石灰，用量据原料数量而定，不宜过多或过少，石灰过多碱性过重，制作出来的米豆腐涩口味重，石灰过少碱性过弱，制作出来的米豆腐味淡。

4. 浸泡。将备好的米在水桶中浸泡10～12h。

5. 磨浆。把浸泡好的米用磨浆机（或磨子）磨成米浆。浆液浓度一般以浆水能从磨浆机上流下来为宜。

6. 熬煮。将米浆倒入先烧好的温水铁锅内，再掺入已溶解好的石灰液。要注意以下4点：①熬煮水量要适当，一次性不宜加水过多。要视浆糊熬煮的软硬程度确定添加水量（温水），否则浆糊过稀，米豆腐不易成颗粒状，如果浆糊过硬，会造成米豆腐不够鲜嫩；②水温不宜过烫。过烫米浆易起团子，不易煮熟；③要勤搅拌，以免煮焦；④要煮熟。将米浆熬煮至全部熟透不黏口时即可出锅，要控制好出锅时间，否则米豆腐易糊，不够软滑。

7. 成型。米豆腐按其形状可分为虾子型和方块型两类。虾子型米豆腐是将煮熟的浆糊趁热用筛子过滤到装有水的水缸里迅速冷却成虾状米豆腐，再用冷水漂洗一二次即可。方块型米豆腐是将煮熟的浆糊趁热倒入盆里，让其自然冷却后凝固，再把米豆腐用刀划成若干块即可。

三、注意事项

1. 在米的选择上，虽说米豆腐都用籼米，但秀山米豆腐选用的是稻田肥沃、不用施肥的中稻米，俗称秧青米。

2. 在制作上，采用传统的石磨加工，米浆完成后再加入适量的水，按比例加石灰，爆火石灰与陈石灰的比例也不一样，如果石灰比例不恰当，就会造成全锅米豆腐不能食用。熬米豆腐时锅铲必须不停地搅动，使之均匀，不生锅巴。

四、风味特色

秀山米豆腐色泽明亮，口感清香，软滑细嫩，酸辣可口。尤其是在炎热的夏季，既可解暑，又可止饿。米豆腐常见的吃法有：

1. 油炸吃。将晒干的米豆腐片放入油锅中炸脆，撒上花椒盐，香脆可口，可上宴席，为佐餐的佳肴。

2. 炖吃。将米豆腐用刀切成方块，放入适量的清油、盐、草果面拌匀后放入锅中炖熟。其特点是保温性强，外表虽降温内心却烫呼呼的，其味香嫩爽口，特别在寒冷天气佐餐是极好的菜肴。

3. 凉腌吃。先把米豆腐切成小条块放入碗中，抓点切好的韭菜放在上面，再加入盐、酱油、姜米、蒜末、葱花、油淋辣椒粉、豆瓣酱、酸萝卜、醋、香油，用筷子拌匀后即可，味道十分爽口，特别是夏季炎热天气吃之，更是令人精神振奋、力气倍增。

4. 烹煮吃。在锅中放入适量熬汤的水，取一块2~3斤的猪肋巴骨肉在水中烹煮，待肉皮能被筷子戳通时，再放入适量大豆芽煮熟后，将切成约2.5cm见方的小方块米豆腐放入汤中，温水煮之。吃时先在碗中放入一小撮韭菜，接着用勺从锅里舀米豆腐于碗中，放入清酱、豆豉汤、芝麻油、芝麻酱、辣椒油等作料拌吃，其味嫩滑香美。

知识链接

木姜子：又名山姜子、山胡椒、山鸡椒，樟科。《药物志》中对木姜子有这样的记载："祛风散寒。治感冒腹痛，木姜子四至五钱，水煎服。"秀山当地食用米豆腐尤爱木姜子酱。木姜子作为一种自然的调味料，它拥有浓烈的辛香味，能提味增香也能消灭异味，用它制成的酱料还能拌饭拌面，每年在木姜子大量成熟的时间，人们都喜好用它制作木姜子酱。采摘新鲜的木姜子和辣椒、酸一同捣碎，发酵后用菜油炒制便成为木姜子酱。

任务六　彭水灰豆腐制作技艺

一、非遗美食欣赏

豆腐是我国炼丹家淮南王刘安发明的绿色健康食品，至今已有2100多年的历史，具有风味独特，高蛋白，低脂肪的特点，同时具有降血压、降血脂、降胆固醇的功效，深受民众喜爱。但是，鲜豆腐含水量大，易碎易腐，难以携带且不便贮藏，只能现吃现做，加之制作过程相对复杂，使之成为只有在重大节气和重大活动中才能见到的佳肴，严重影响了豆腐在民众日常生活中的普及性。人们为改善鲜豆腐的不良性状进行了长期探索，从而在渝黔地区苗族、土家族和仡佬族集居区产生了灰豆腐制作这门传统技艺。因为灰豆腐在制作过程中需用碱灰（用桐壳、南瓜藤、烟茎等烧制）和柴草灰进行鲊制和炒制，故民间取名为灰豆腐。彭水灰豆腐是彭水县黄家镇一带的传统饮食，它是在鲜豆腐的基础上加以灰鲊制、炒制、除尘等制作工艺，生产出的一种新食品。灰豆腐分布于彭水县西南部的黄家镇、朗溪乡、润溪乡、大垭乡及其毗邻的周边省县。

彭水灰豆腐适宜凉拌、焖烧、干炒、火（汤）锅配菜等多种烹饪方法，口感柔软，细腻，营养丰富，风味独特。

二、制作方法

1. 主辅料：黄豆、石膏、碱灰、柴草灰等。

2. 选料。灰豆腐制作主要包括选料、制鲜豆腐、灰鲊、炒制等主要过程。

要确保成品香气浓、产量高、口感好，须以当地产优质新鲜早黄豆为原料，加工前要先过筛，除去原料中的尘土、杂质和残破粒。

3. 制作鲜豆腐。将黄豆用清水浸泡，使之充分涨发后碾成浆，然后按照传统工艺点制成鲜石膏豆腐，放入豆腐箱中稍加压榨，成型去水。

4. 灰鲊制。待箱中豆腐成型，水沥干后，用刀切成小块，放入碱灰或

柴草灰中吸干水分，此过程根据季节和温度变化，需耗时半天至两天不等。

5. 炒制。待豆腐中的水被吸干，用手触摸发硬时放入锅内，用新鲜柴草灰一起加热翻炒，经40～60min，炒泡炒黄即成，称为灰豆腐。

三、注意事项

1. 原料优选新鲜早黄豆。

2. 灰鲊制过程注意水沥干的程度。

3. 灰豆腐食用时要用温水泡后先洗两遍后，放盐不放水搓洗，再用水清洗干净，用清水煮开后把水滤干即可食用。吃不完的灰豆腐可用布袋装起挂在通风干燥的地方，可保存一年左右。

四、风味特色

彭水灰豆腐口感柔软，细腻，营养丰富，风味独特。炖的豆腐果或火锅煮的豆腐果，如果未切开，吃之前必须先用筷子插穿豆腐果，将里面的热汤压出，否则易烫伤嘴。当地群众喜欢将灰豆腐用来炖猪脚、煮火锅，吃起来松泡绵柔、鲜美可口、香嫩甜滑、口感纯正，令人回味无穷。

知识链接

灰豆腐食用方法：先用温水将豆腐果浸泡10min，如果是经晒干或烘干的豆腐果，需要浸泡2h以上直至泡软，最好是用淘米水浸泡（它可以增强去沙、增白的效果），再用清水将豆腐果表面的灰洗净，沥干（可将豆腐果切两半，易入味）。准备好水淀粉、姜末、葱花、大蒜（可切末，也可切小薄片），热锅中倒入植物油适量并烧热，将姜末、葱花、蒜末放入锅中煎炒出香味，把洗净的灰豆腐果放入锅中煎炒约1min，放入适量盐再继续炒1min，加入水淀粉收汁即可起锅食用。如果喜欢吃麻辣味的，在放葱花、姜末之前先放入几个干红辣椒煎至焦香，然后放入葱、姜、蒜、花椒粒，炒出香味后放入灰豆腐果。此外，也可在炖鸡、猪脚、排骨、牛羊肉等炖到五成熟时放入几个灰豆腐果（可以切开）一起炖，也可作为火锅的添加菜肴煮着吃。

任务七　土家倒流水豆腐干传统手工制作技艺

一、非遗美食欣赏

“倒流水豆腐干”是石柱县境内历史悠久的市级非物质文化遗产，以独特的竹海山泉、优质原产地黄豆、传统技艺、土家配方精制而成，其工艺制作起始于清嘉庆年间，距今已有近200年的历史，具有重庆传统文化背景和深厚的文化底蕴（志史、民谣、诗歌、楹联、字牌均有记载），且有较高的知名度和口碑，曾获得国家工商总局批准的地理标志证明商标，2015年被重庆市商务委员会认定为“重庆老字号”商号、商标（品牌），成为石柱县食品制造业的第一个“重庆老字号”，其传统制作技艺被确定为市级非物质文化遗产予以保护。

倒流水位于石柱土家族自治县西北角，地形有上街、下街之分。下街自然水流方向与上街雨天屋檐的流水方向形成逆向走势，故旧时称其“倒流水”，后简称“流水”。据民国《石柱县志》记载：倒流水豆腐干兴起于嘉庆年间，迄今已有200多年的历史。《史记》中记载，“流水”是古时由渝入鄂的盐道——巴盐古道的必经之地。在这条古道上行走运盐的人被当地人叫作“背脚子”（背夫），村民们说，东进西出的背夫一次往返需要一个多月的时间。行至流水的“背脚子”总要带些当地的豆腐干充饥、下酒，以此来消解路途的疲乏和枯燥。这种豆腐干在流水当地制作，依靠其当地的春黄豆和竹海泉水，并运用土家特色技艺制作，由此被命名为“流水豆腐干”。

土家倒流水豆腐干可切片、丝、丁热炒，凉拌或烧烤均可。

二、制作方法

传统制作流水豆腐干的制作流程共有以下9个步骤：

1. 选料必须是当地春黄豆，擂泡（先将黄豆擂破，再经水浸泡2h左右）。

2. 石磨（用石磨将豆腐推成生浆）。

3. 烧浆（烧两次开浆）。

4. 过滤（用纱布过滤）。

5. 点兑（用胆巴水点兑）。

6. 包箱（将纱布放在上下25格田字豆腐箱内）。

7. 压榨（在箱盖上压一桶20kg重的水或相同重的石墩）。

8. 配料（参配佐料，土家秘方）、切划（将豆腐切成四方田字型块）。

9. 熏炕（将豆腐块放在竹篾编成的竹筛子上，用玉米球暗火烟熏，反复翻炕至水分稍干、焦黄即可），整个过程要10h以上，一般下半夜前擂好豆子泡至天亮便开始磨成浆，再进行以后程序。

三、注意事项

炕要把住火候，一定不能用明火，需10h左右。整个制作工艺要求步步到位，力求精细。如磨浆粗细、烧开二道浆、包扎到边、榨压适度、佐料成分、水分干湿、炕黄程度等都十分讲究，其主要精华还在于在流水乡场边上“水井湾”竹林山中的龙洞泉水井，夏天泉水冰冷刺骨，清凉爽口，在炎热夏季凡路过此地行人便有凉爽之感，并喝上一口以解热止渴，其水制成的豆腐干，味道独特，品质细嫩，清香扑鼻，口感可佳。

四、风味特色

土家倒流水豆腐干品质细腻、绵实筋道、醇香可口、回味悠长。

知识链接

熏豆腐干含有丰富的蛋白质、维生素、钙、铁、镁、锌等营养元素，营养价值较高。熏豆腐干中含有丰富蛋白质，而且豆腐蛋白属完全蛋白，不仅含有人体必需的多种氨基酸，而且其比例也接近人体需要，营养价值较高；熏豆腐干含有的卵磷脂可防止血管硬化，预防心血管疾病，保护心脏；熏豆腐干含有多种矿物质，可补充钙质，防止因缺钙引起的骨质疏松，促进骨骼发育，对小儿、老人的骨骼生长极为有利。

熏豆腐干等豆制品中含有极为丰富的蛋白质，一次食用过多，不仅阻碍人体对铁的吸收，而且容易引起蛋白质消化不良，出现腹胀、腹泻等不适症状。在正常情况下，人吃进体内的植物蛋白质，经过代谢，最后大部分成为含氮废物，由肾脏排出体外。人到老年，肾脏排泄废物的能力下降，此时，若不注意饮食，大量食用，摄入过多的植物蛋白质，势必会使体内生成的含氮废物增多，会加重肾脏的负担，使肾功能进一步衰退，不利于身体健康。

任务八　黔江斑鸠蛋树叶绿豆腐制作技艺

一、非遗美食欣赏

黔江斑鸠蛋树叶绿豆腐，是一种出自重庆市黔江区深山中的绿色食品，是人们在长期劳动生活中发现的一道特色美食。斑鸠蛋树叶来源于深山峡谷、悬崖峭壁中的一种小灌木长出的叶片，其叶形如斑鸠蛋形状，故制作而成的豆腐称为“斑鸠蛋豆腐”，当地人也称为神仙豆腐。2011年，黔江的“斑鸠蛋树叶绿豆腐制作技艺”，被收录于重庆市第三批市级非物质文化遗产名录中。

黔江区的斑鸠蛋树叶豆腐在武陵山区食用普遍，鄂西地区称为“神仙豆腐”。这种绿豆腐的制作，一般在农历五月间，把从山上采回的“臭黄荆树”的嫩叶，择净杂枝，放入木桶中，倒入开水，立即用木槌捣碎，至叶浆完全捣出，再用纱布滤出浆汁，盛入大盆中加入草木灰水，用凉水冷却，即成神仙豆腐。冷却后，用刀切成小块，用清水漂一两日，去掉苦味，切成条、块，拌以醋、蒜汁或辣椒蘸料即可食用。

陈德明在《官渡民间故事》中讲了一个“神仙豆腐”的故事。相传很早以前，在竹山县有个王姓孝子，只有一个瞎了眼睛的老母亲。家里很穷，上无片瓦，下无寸土，娘儿俩住在山洞里过日子。王生很孝顺，对他娘百依百顺，乡亲们救济给他的粮米、饭食，他都省着给他娘吃，自己却吃野菜度日。王生很勤劳，经常帮乡邻种地干杂活，挣得粮食养活母亲。他在小洞里为他娘搭了一个架子床，用青藤细细编织，上面铺了很厚一层羊胡子草，这种草又软和、又光滑，他娘睡在上面很舒服。而他自己却在地上放一堆苞谷壳，晚上就在上面睡觉。虽然家里很贫穷，可他孝子的品行却在当地很有名声。因此，乡亲们都很敬重他。

有一年春头儿上，好多农民断了米粮，揭不开锅。王生娘儿俩更是无法生活。因为经常挨饿，老娘身体很虚弱。有天晚上她糊里糊涂地念叨：“要能有一碗豆腐汤，死了也能闭眼睛。”王生听了心里难过，莫说娘想吃豆腐汤，现在连苞谷汤也没的喝，他恨自己穷，恨自己太无能，翻来覆去睡不着，直到鸡快叫了，才迷迷糊糊地睡去。睡梦中，不知不觉地听到一个姑娘喊他的名字，叫他去拿豆腐。王生喜出望外，麻利地爬起来跟着这个姑娘一起走。走了很远一段路，王生也认不得这是什么地方。他们在一间草房前停了下来。姑娘说：你同我一起去打“神仙叶子”吧！说着就进屋拿了一个背篓，叫王生背上，转到屋后的森林中，姑娘指着一种小叶枝条说：“这就是‘神仙叶子’，打回去做豆腐”。王生半信半疑地跟着那姑娘打叶子，不大一会儿，背篓打满了。

他们把“神仙叶子”背回草屋，用清水洗净，滤干水装在木桶里，倒进开水搅拌，至叶子变成糊糊，再用筲箕滤去叶茎，加了一点酸浆水，包在包袱里挤去水汁，打开一看，一大块绿色的豆腐便做成了。那姑娘切下一块，放在锅里煎好，做上汤，用土钵盛了，装在背篓里，那一大块豆腐也包了让王生带回去，让母子俩好度荒春。王生很感谢姑娘给他的帮助，依依不舍地同姑娘分了手。

王生走了一段路，不由得又回头望那姑娘，根本不见人影，连草房也没有了，这里就是一片荒山老林。王生很纳闷，急急赶回山洞，取出豆腐让老娘吃了，娘顿时感到很有精神。王生把经过对娘说了，娘说：“这是神仙在点化你啊！今后你就教乡亲们也做这豆腐吧，使大家都不挨饿，度过荒春。”从此，王生就带乡亲们上山采这种做豆腐的叶子，教大家做这种叶子豆腐。因为这豆腐是神仙点化的，乡亲们都叫它“神仙豆腐”，把这种做“神仙豆腐”的树叶叫作“神仙叶子”。大家就靠“神仙豆腐”度过了荒春。

二、制作方法

1. 主辅料：臭黄荆叶、柏树灰烬、青红椒、油辣子、食用盐、醋和蒜泥等。

2. 首先将摘回来的斑鸠蛋叶用冷水洗净，备用。然后烧一锅沸水，把洗净的斑鸠蛋叶倒入其中，用热水烫漂斑鸠蛋叶，使其变软。树叶颜色烫漂数分钟变为深绿，准备下一步用。

3. 榨汁。取一个铁盆或者铁桶，将筲箕放在盆口，把烫熟的斑鸠叶放在筲箕里面，双手用力揉搓，使斑鸠蛋叶的汁从筲箕的孔隙里漏到器皿里面，一直榨到仅剩叶脉为止，这个动作速度要快，以免漏下的斑鸠蛋叶汁凝固。

4. 凝固。让斑鸠蛋叶凝固成形。把准备好的柏树灰烬用水搅拌均匀，水和灰一起撒在筲箕里，让灰水也顺着筲箕的孔隙漏下，与斑鸠蛋叶汁相溶。

5. 静置。将装满斑鸠蛋叶汁和灰水的器皿静置在凉爽的地方，切忌温度过高，阳光不能直射，放好后不要移动或者摇晃器皿，以免不能顺利凝固。静置1～2h即可食用。

三、注意事项

1. 柏树灰烬里面含有碱，起到的是食用碱的作用，因此使用量要控制好，放多了会使做出来的豆腐变得很老，而且味道变得很刺口；放少了则不能凝固到位，因此要掌握好分量。现在工厂化生产绿豆腐已经使用氯化钙、氯化镁等盐代替了柏树灰烬。

2. 斑鸠豆腐一般冷藏放置，温度过高容易凝固不稳定，有水分析出，影响食用。

四、风味特色

凝固好的绿豆腐用刀切成条状，盛在盘中，再调上青红椒、油辣子、食用盐、醋和蒜泥，最后撒上葱花、香菜等佐料即可食用，入口清凉，味道微苦，酸辣适口。

知识链接

采用高效液相色谱法对野生豆腐柴叶中氨基酸组成和含量进行测定，发现豆腐柴叶中含有18种氨基酸，其中必需氨基酸占氨基酸总量的32.4%。豆腐柴叶颜色翠绿、营养丰富、天然无污染，豆腐柴叶汁具有凝胶持水力强、黏弹性好等特性，赋予了豆腐柴叶具有良好的食品加工性能。

任务九　血粑制作技艺

一、非遗美食欣赏

在彭水郁山、连湖一带的老百姓，每到春节前，家家户户都会杀年猪，而且会把猪血留下配上糯米、豆腐等，加葱姜蒜、辣椒粉、盐、油、味精、醋等调料，上锅蒸熟做成血粑。半成品血粑用柴火小火慢烘，使之失水收缩，其粑体微小孔隙被脂肪填充，阻断空气与微生物侵入，可延长产品保质期与风味；成品血粑经清水洗发后，煮（蒸）熟即可食用；再脱水，货架期延长。

传说，血粑的制作与当地的另一种传统食品“黑饭”有关。相传，杨家杨六郎入狱后，妹妹去给六郎送饭，饭都被狱卒吃了。妹妹想出了一个主意，用一种植物混合糯米蒸煮成一锅饭，颜色如同黑炭，而下饭菜就是外表黑乎乎的血粑。由于这次送的饭黑乎乎的 ，狱卒没敢吃，终于到了六郎手中。后来，血粑就成了当地的传统食品。

血粑营养丰富，品质安全，色、香、味宜人，为伴酒之佳品，食之少量即能缓解饥饿，特别适宜活动量大的人群食用。血粑还是当地居民用来招待客人的伴酒菜。每到冬季，特别是过春节杀猪时，有条件的家庭都忘不了备齐原料，加工数十个或上百个血粑，而且不同家庭加入的辅料也有所不同，各家各户做出血粑的色、香、味有一定的差异。熏制好的血粑外黑内红，切成片后无论是作为凉菜，还是加上酸辣子炒热菜，都有鲜香柔嫩的味道，堪称上乘的特色美食。

二、制作方法

血粑的制作有着悠久的传统。

1. 主辅料：猪血、糯米、豆腐、红薯粉、葱、姜、蒜等。

2. 把糯米淘干净，用开水泡12h后再蒸熟，蒸糯米的时间要长，要让糯米熟透，这样吃起来口感才比较软糯。待糯米完全熟后，趁热将糯米倒入猪血里面，把蒸熟的糯米、豆腐和猪血搅拌均匀。

3. 加葱姜蒜、辣椒粉、盐、油、味精、醋等调料，再加点适量的红薯粉，再次搅拌均匀后就使劲揉，要揉得很黏稠、紧密，只有把血粑揉紧实了，蒸出来的血粑才有型，不易散。

4. 把揉成条状的血粑放入锅里蒸，为了让血粑能很好地定型，需要在蒸格上铺一层菜叶子。蒸的时候要用大火蒸，蒸熟之后就可以出锅了。把蒸好后的血粑放在一旁让其完全冷却，之后就可以拿来切片炒菜了。

5. 为了储存时间更长，可以用小火慢慢烘干血粑。在一般情况下，家庭日常烘熏20d，专业烘熏15d即可烘干。当手捏血粑个体，有硬度感，粑心无湿心，外表色黑油润，粑心红色或褐红色，此时生血粑加工即成，可上市销售。

三、注意事项

1. 在食用血粑前，一般用热水将血粑表面杂物清洗干净，用水煮或与猪肉、鸡肉炖煮至熟而软化（或用热水泡软蒸熟），趁热切片装盘即可食用。经过熟制的血粑再脱水，可延长保质期。

2. 根据血粑成分和储存经验，要保持原有风味，要求在温度为9℃以下的阴凉干燥环境中储藏，一般储藏期为6个月；在0℃以下储藏，保质期可达1年。反之在温度较高、环境潮湿条件下储藏，容易生虫、变质，失去食用价值；凡霉变、生虫、自然变软者均不能食用。

四、风味特色

血粑品质标准为：血粑表面油黑；成品水煮（蒸）熟后，切片呈深红或者褐红色；粑片柔软；气、味纯正宜人。若产品加工与储藏不当，造成亚硝酸盐超标，色、香、味失常变质，均为不合格产品。好的血粑吃起来像三香、豆腐干一样有嚼劲，糯米和猪血的味道已经浑然一体，越吃越有味儿。“血粑”虽黑黑的，其貌不扬，用清水将“血粑”煮熟后，切开来，腊香扑鼻，内呈深红色，油亮而有韧性。它既可切成薄片食用，又可油炸食用，风味迥异，特色分明。

知识链接

猪血：猪血含有丰富的营养物质，尤其是蛋白质含量较高，其中90%为优质蛋白质。此外，猪血中的铁、钙、钾、镁、锌等含量也很高，在补充蛋白质的同时，提高免疫功能，预防疾病，对老人及正在生长发育的儿童有很好的食疗保健效果。猪血所含氨基酸的比例与人体中氨基酸的比例接近，极易被消化和吸收。常食猪血，对老年人、妇女和儿童以及记忆力减退者非常有利。猪血中的血红蛋白被人体内的胃酸分解后会产生一种解毒、清肠的分解物，能够与侵入人体内的粉尘、有害金属微粒发生化合反应，易于毒素排出体外。猪血含铁量非常丰富，吸收率可高达22%以上。所以，贫血病人常吃猪血可以起到补血的作用。

猪血不仅是上好的烹饪原料，而且其制品也相当有特点，深受人们的喜爱。烹调中猪血可用炒、烩、蒸、制汤等方法制作成菜肴食用，也可制作猪血灌肠等食品。另外，猪血也是涮火锅的重要配料之一。

任务十　羊角豆腐干传统制作技艺

一、非遗美食欣赏

羊角豆腐干，因产于重庆市武隆区羊角古镇，以镇为名，得名羊角豆腐干，距今已有数百年历史。羊角镇是“中国豆腐干之乡”。羊角镇两岸山峦绵延，自古沿乌江建镇，矿藏以及水资源丰富。羊角豆腐干制作工艺繁复考究，通过汲取武陵山脉一带的山泉水，采用山林中生长的香料药材，选择优质黄豆，经过数道工艺流程生产而成。

相传，羊角豆腐干起源于清朝中期，距今已有近300年的历史，据传，早年乌江江水泛滥成灾，两岸百姓生活在水深火热之中，为了拯救众生，蔡龙王将孽龙流放到羊角李家湾一带守护乌江，立功赎罪，孽龙恶习不改，伙同一帮蛟龙搜刮民财，并于清乾隆50年（公元1785年）6月初九挟山拥水过江，造成狂风暴雨，山崩地裂。正在川东治理长江的李冰和蔡龙王及时赶到，将这群蛟龙点化成石，形成现在著名的五里滩，使当地众生避免于一场灾难。为减轻孽龙的罪孽，蔡龙王又将孽龙栖身之地点水成泉（即现在的白水洞），并向王母娘娘乞来豆种，求张果老向当地人传授种豆和制作豆腐干的技术。羊角豆腐干最开始是当地人特别是纤夫们的主粮，随着乌江水运的兴起，制作豆腐干逐渐成为当地人谋生的手段，依托武隆旅游业的快速发展，现已成长为著名的旅游休闲食品。

羊角豆腐干营养成分丰富，富含优质植物蛋白，同时脂肪含量低，是一种高蛋白低脂肪的健康食物。羊角豆腐干可直接食用，也可进一步加工，制作成为美味佳肴。

二、制作方法

羊角镇的豆腐干有数百年历史，传统工艺发展成熟。豆腐干生产采用该地山泉水，选优质大豆为原料，用各种名贵中药材卤制而成。传统羊角豆腐干的制作通常需要一天一夜甚至更长的时间。

1. 主辅料：黄豆、盐卤、香叶、八角、白芷、豆蔻、粗辣椒面、花椒面等。

2. 黄豆浸泡一夜，磨成豆浆，并祛除豆渣。豆腐质地好坏，出量多少，与去渣是否仔细彻底有密切关系。豆浆中混有细渣，使豆腐质量降低，显得粗糙，凝固不完全，从而影响豆腐出品率。煮浆以后要进行筛浆处理，筛浆过程也是一次把豆腐渣和豆浆分离的过程，可以通过筛浆把残留的豆渣清理掉，要不停地把豆渣剥离开，不要让豆渣混进豆浆内，然后把筛出的豆渣捞出，这样剩下的豆浆才是优质豆浆。

3. 豆浆烧开后，点完豆花，之后便是压榨，得到豆腐块，这一步也是把豆浆变为豆腐最为关键的一步。点浆时把卤水缓缓地点入浆内，点浆时边搅动边均匀点入卤水，点至熟浆呈现出豆花时为止。卤水能起到把水和豆花分离的作用，对用卤水量的把握很重要，卤水的多少，将直接影响豆腐脑的粗、嫩程度，一般卤水和豆浆的比例是1∶500。点浆方法与北豆腐相似，但点浆速度要比北豆腐快，这样形成的豆腐脑大，保水性差，有利于压制和提高豆腐干白坯的硬度。

4. 蹲脑。豆浆凝固后，蛋白质的变性和联结仍在继续进行，为此，需静置5min左右，从而才能凝固完全，组织结构才能稳固。刚刚用卤水点完的豆浆，静止不动，这个过程就叫蹲脑，一共需要5min的时间。5min以后豆浆中的蛋白质完全胶结、凝聚、沉淀，形成了豆花。这时会有黄浆水浮在表层，用吸水管把黄浆水吸出，当豆脑露出后即停止吸水。到此，豆腐脑的加工工序就完成了。

5. 上板。上板之前需先将压板放置在拉车上，再放上筐模，在筐模中铺好包布，注意压板要正、上下四角要对齐，筐模放正、四边空位一样大，布要对角放置、四角贴板中心不皱。然后对豆腐脑进行破脑，使豆脑适当的破碎，凝胶网状结构破裂，为后续压榨环节排除适量的水分做好前提工作。一般情况下生产豆腐干需破碎颗粒大小为3～5mm为佳，注意先四角、再中间浇注，折包布四角拉紧，避免出现"薄厚不一、白芯、白边"等水分不均现象。

6. 压榨。压榨的目的主要是通过压力使蛋白质更好地粘合在一起，同时使多余的黄汤水通过包布溢出。所以压榨是制坯过程中的一个特别重要的环节，进入榨位后要整理整齐，做到四平四正，开始加压时，首先轻点压，勤点压，让整榨豆坯充分出水，至滴水时，再点压，让其充水出水四次以上，豆坯含水就不太多了，这时把时间延长一点，加压3次，待豆坯确定脱水成型后取出。

7. 白坯冷却、成型。压制好的豆腐脑要及时取出，取出后放于操作台上，由专人剥去包布放置于摊晾风干机上进行风凉除水，风凉的标准是豆坯温度降至常温，表面无热气，到此即完成豆腐干的前期制作工序。

8. 煮碱。把豆腐放入锅中煮制，待碱味消失，主要目的是改变豆腐干的性质，增加柔韧性，除去豆腥味，使豆坯卤制时更加容易入味。煮碱的主要辅料为食用碱，它的种类有多种，根据不同产品的不同要求而使用。

9. 卤制。把煮碱后的豆腐干加入含有香叶、八角、白芷、豆蔻等秘制香料的卤锅中卤制。卤制好的豆腐干摊凉，拌入粗辣椒面、花椒面等佐料，即可以包装成型。

三、注意事项

整个过程极其考验制作者的技术、功夫。若有环节不仔细，或是火候不到，最后出来的豆腐干就会出现口感不够细腻、口味不香等缺憾，这就失去了最正宗的羊角豆腐干该有的美味。

1. 压榨是最烦琐的步骤。刚刚点好的新鲜豆花，用比纱布还细密的滤帕包裹起来，放到四四方方的屉格里摊开，用筷子将一坨坨的豆花搅散，然后盖上木质盖板，再压上重物。

2. 重物须用五里滩外随处可见的鹅卵石，被乌江水冲刷了千万年，浑然天成，无棱无角。只有这种石头才能对豆花施加浑厚而精准的压力，既能充分挤压出水分，又能保持豆腐皮平整光洁，打牢豆干的“绵扎”根基。

四、风味特色

正宗传统的羊角豆腐干，细腻绵扎，有嚼劲，入嘴有天然香料的香气，美味可口。今天的工业化生产的羊角豆腐干，在保留传统加工工艺的基础上，已经融入了现代化的生产工艺，制作出来的羊角豆腐干，厚7～9mm，表面深褐色，内如象牙色，入口豆香浓郁，口感绵弹，有韧劲。目前，羊角豆腐干已形成5大系列：即传统及精品羊角豆腐干系列、风味羊角豆制品系列、大豆蛋白Q爽豆腐干系列、大豆蛋白素肉系列和乌江鱼豆腐系列，形成了拥有近百支单品的多元产品结构，满足不同游客的口味需求。

知识链接

卤水制作：以制作一锅12.5kg的红卤水为例。

1. 调味料：精盐300g、冰糖250g、老姜500g、大葱300g、料酒100g、鸡精及味精各适量。

2. 香料：山奈30g、八角20g、丁香10g、白蔻50g、茴香20g、香叶100g、白芷50g、草果50g、香草60g、橘皮30g、桂皮80g、荜拨50g、千里香30g、香茅草40g、排草50g、干辣椒50g（可依各地口味而定）。

3. 汤原料：鸡骨架3500g，筒子骨1500g。

4. 制作方法如下。

①将鸡骨架、猪筒子骨（捶断）用冷水汆煮至开，去其血沫，用清水清洗干净。重新加水，放老姜（拍破）、大葱。烧开后，应用小火慢慢熬（用小火熬出是清汤，用旺火熬出是浓汤），熬成卤汤待用。

②用油炒制糖色。冰糖先处理成细粉状，锅中放少许油，下冰糖粉，用中火慢炒。待糖由白变黄时，改用小火；糖油呈黄色并起大泡时，端离火口继续炒（时间要快，否则易变苦），再上火，炒至由黄变深褐色。由大泡变小泡时，加冷水少许，再用小火炒至无煳味时，即为糖色（糖色要求不甜、不苦，色泽金黄）。

③香料拍破或者改刀，用香料袋包好打结。先单独用开水煮5min，捞出放到卤汤中，加盐和适量糖色，用中小火煮出香味，制成卤水。

任务十一　郁山擀酥饼传统制作技艺

一、非遗美食欣赏

郁山擀酥饼是清朝嘉庆年间由“严富春斋”名师研制而成，其秘方流传至今已经200余年。据传，自道光元年（公元1821年）以后，四川学政使每三年要前往酉阳主持考试一次，路过郁山时，郁山巡署都要准备佳肴相待。光绪年间，学使吴庆坻路过郁山，侍者端上擀酥饼四个，吴学使吃了几个后，十分满意，把剩下的几个也吃了。光绪甲辰年（公元1904年）最后一任学使郑沅经过郁山，巡署照例备上美味佳肴，席上还添了一盘擀酥饼，郑学使取用一个之后，赞不绝口。因为前后学使的推崇，郁山擀酥更日益蜚声于边区各县，每当达官显贵前来，县署都先派人到郁山采购。中华人民共和国成立前，民间订婚，如无擀酥作聘礼，多受非议，个别甚至为此好事告吹。因此，郁山擀酥经常供不应求。民国时期，擀酥饼在郁山得到迅速发展，除“严富春斋”外，殷氏家族“凌鸿盛斋”“段永顺斋”也学习研制擀酥饼。中华人民共和国成立后，郁山区供销社建厂组织规模化生产，郁山擀酥饼的技艺得以更大范围地传承。

郁山擀酥饼配料精致，做工考究，采用上等的面粉、饴糖、芝麻、黄豆、桂花等原料，经手工精制而成，不含任何添加剂，从原材料到整个加工过程都未受到任何污染，属于纯天然的健康食品，具有“香、甜、酥、脆”的特点。它的存放期在同类食品中算比较长的，春夏保质期3个月，秋冬保质期达到6个月。

二、制作方法

1. 备料。主料为上等精面粉；配料有黄豆、花生、芝麻、冰糖、白糖、饴糖、桂花、熟猪油等20余种。

2. 和面。取适量精面粉，添入饴糖，再加水揉均匀。

3. 制酥。将精面粉蒸熟晾干后进行粉碎，经箩筛去渣后，加入熟猪油揉均匀。

4. 制皮。将和好的面粉团，手工压成薄片。

5. 包酥。将制好的酥包入皮中。

6. 擀酥。用面杖将包好酥的面团擀均匀。

7. 包馅。先将黄豆、花生、芝麻、冰糖、白糖、饴糖、桂花、猪油等20余种材料按照一定的比例搭配，制成馅，将制好的馅包入擀好的酥皮中。

8. 成型。将包馅后的材料放入铁制饼圈内压成生饼。

9. 上芝。选用上等白芝麻，放在箩箕中，再将生饼放在芝麻上面，只要一面沾上芝麻即可。

10. 烘烤。将上等芝麻的生饼放入平底锅内，有芝麻的一面向上，再将平底锅放到文火上烘烤2～3min，将经过高温的盖锅覆盖在平底锅上面，约3min后起锅。

11. 分检包装。将烘烤好的擀酥饼进行质检和包装。

三、注意事项

1. 猪油应烧热与面粉擦成油酥面；因面团比较松软，包油酥面时应让其居中，则擀扁后油酥面分布均匀，否则起酥时层次有厚有薄，影响质感；每次擀制的面皮都要厚薄均匀。

2. 包馅时要用力均匀，避免馅料漏出。

四、风味特色

擀酥饼成品呈金黄色，具有“香、甜、酥、脆”的特点，食后“丹桂盈口”。有名人食后赞道：“食尽江南珍馐味，始知郁山有擀酥。”

知识链接

郁山古镇：从彭水县城出发，顺郁江上游方向驱车44公里，即可到达历史上以产盐而著名的千年古镇——郁山镇。夏商到春秋时期，郁山就有巴族先民的活动遗迹。西汉时期，郁山属涪陵县管辖。宋绍定元年（公元1228年），因当地玉山盐泉有“盐泉流白玉”之美誉，故名玉山镇。明景泰元年（公元1450年），为避讳当时皇帝朱祁钰的钰字，玉山镇更名为郁山镇。从此，郁山镇地名沿用至今。

郁山镇是我国著名的古盐场。由于郁山镇盐泉易于开采，因而最早被古人所开发。从汉代开始，郁山就有了征收盐税的盐官。唐代，郁山被列为全国“十监”盐场之一。到明正德年间（公元1506～1521年），郁山年产盐600余万斤，清乾隆二十六年（公元1761年），郁山产盐1106万斤。曾有“万灶盐烟，郁江不夜天”之诗句形容当时产盐的盛况。

抗战时期，日军对我大后方运输进行封锁，曾一度衰退的郁山盐业又得到迅速恢复和发展。郁山源源不断生产的食盐，为抗战做出了重大贡献。

20世纪50年代，郁山成立了国营盐厂，曾一度辉煌。之后，随着盐业生产的现代化，郁山镇盐厂由于生产方式较为落后，加之盐含氟量较高，缺乏市场竞争力，在1986年宣告全部停产。几千年的盐烟在郁山镇消失了，只有那四野废弃的千年盐井，诉说着古镇曾有的辉煌岁月。

至今，郁山还保留下来三处传统老街。临郁江河边的顺河街是过去最繁华的老街，1981年，顺河街被毁于特大洪水，现存的老街不足150米。老街上还有一些明清建筑，虽已破旧，但高高的门栏、厚重的木门和粗大的梁柱，还显现出当年的宏伟。

任务十二　郁山鸡豆花传统制作技艺

一、非遗美食欣赏

相传，鸡豆花为唐代废太子李承乾的丫鬟可心创造，在郁山流传也有1300余年的历史。郁山鸡豆花在郁山镇市民中广为流传。在喜庆宴会、酒席上都制备鸡豆花招待客人，成为郁山最具特色的饮食佳品。此品以上好母鸡胸脯肉、特产红薯淀粉、土鸡蛋为原料。将鸡脯肉制成蓉状，取蛋清，放入适量优质淀粉，加辅料，再放入适量的纯净鸡肉汤、清水调匀，煮熟后再配以适量鸡肉汤即可食用。本品形似豆花故名。成品乳白色，微见金黄色的鸡汤渗出，滑而不腻，香味诱人，舒适可口。鸡豆花为渝黔湘鄂边地区上等佳肴。七八十年前，羊角碛黄朝汉将此技传入郁山镇，当地厨师、居民争相学艺并传承创新，使郁山鸡豆花四乡闻名。近年来，彭水县城的部分宾馆、酒楼引进鸡豆花这道佳肴，受到了来宾的高度赞赏。

郁山鸡豆花用优质母鸡的鸡脯肉为原料，用鸡的剩余部分熬制成鸡汤，保留了母鸡的绝大部分营养，具有开胃养胃的作用，是营养佳品。本品须选用没有喂任何添加剂、膨化饲料的本地优质母鸡做主料，选用优质薯类淀粉作芡粉，其他辅料都是纯天然制品，故成品属于纯天然食品。鸡豆花色泽晶莹，清香鲜嫩，入口即化，原汁原味，具有开胃养胃的功效，老少咸宜。

二、制作方法

1. 主辅料：老母鸡、鸡蛋、豌豆苗、熟火腿末、蛋清、味精、盐、淀粉、胡椒粉、清汤。

2. 提前准备好农家散养的老母鸡、土鸡蛋，利用去掉鸡脯肉的老母鸡熬成高汤。

3. 土鸡只取鸡胸部分，去筋后用刀背捶蓉，并用刀背剁数遍后捶蓉，鸡蛋清与淀粉混合后调匀。鸡蓉中加葱姜水搅散，再依次加入蛋清、盐、味精、胡椒粉、高汤，每加一种佐料搅匀一次，最后搅为鸡蓉糊。

4. 熬好的鸡汤，将表面的浮油舀出。将鸡蓉糊冲入沸腾的鸡汤，瞬间凝结成豆花状。

5. 将豌豆苗入锅焯水，用清水漂透，再用刀修齐两头，放于碗底，将鸡豆花舀入碗中，再撒上熟火腿细末，并将鸡油一勺勺慢慢淋在鸡蓉上，让鸡油的香味慢慢渗透进去。出锅撒上葱花，即成。

三、注意事项

1. 鸡肉第一次加入葱姜水搅打成鸡蓉糊后，先不要急着加料，最好先用纱布过滤一遍，这样可以更好地去除鸡蓉中的颗粒。

2. 鸡蓉与葱姜水的比例一定要搭配好，水太多，加热时鸡蓉不能凝固；如果水太少，做好的成品口感又较硬。鸡肉与葱姜水的配比为1∶1.5左右。

3. 加工鸡肉蓉时，盐一定要最后放，如果放得过早，葱姜水和鸡肉很难充分混合。

4. 建议在生粉的基础上增加少量的玉米淀粉，鹰粟粉的质地非常细腻，可以让做好的成品口感更爽滑。

5. 汤烧沸后，一定要将锅端离火口再倒入鸡蓉糊，全部倒完后再上火。火候控制很关键，先用中小火加热至汤的表面有浮沫产生时，改用小火加热，火一定要小，保持汤汁似开非开的状态即可，在加热过程中，还要用手勺不停地撇净汤表面的浮沫，加热约5min，鸡豆花即可成熟。

四、风味特色

郁山鸡豆花的制作工艺复杂，技艺精湛，用料考究。选用新鲜母鸡鸡脯肉，经去筋、剁碎捣烂溶入芡粉水中，与蛋清糕搅匀后，放入熬制好的鸡汤内煮熟即可。它色彩晶莹，清香鲜嫩，入口即化，老少咸宜。

知识链接

芙蓉鸡片：鸡片洁白如娇嫩芙蓉，配上红色的火腿，绿色的豌豆苗，使成菜清新、艳丽，入口柔软，细微鲜美。取鸡脯肉去筋，捶成蓉入碗，加冷鲜汤、水豆粉、盐、蛋清调匀成糊状。火腿、冬笋切成长约3.5cm、宽约2cm的薄片。豌豆苗洗净。炒锅置火上，下猪油烧热（80～100℃），将锅稍倾斜。用手勺舀鸡糊顺锅边倒入锅内，然后迅速将锅向反方向倾斜，使油没过鸡糊，待其成形离锅后，捞出放入鲜汤中漂起，即成鸡片，依此法将全部鸡糊做成鸡片。将锅内余油倒出，下火腿及冬笋片，掺奶汤，加盐、味精、胡椒粉烧沸，放入鸡片稍烩，下豌豆苗，勾水豆粉芡，起锅淋上鸡油即成。

芙蓉鸡片并非是真的芙蓉花与鸡肉加在一起烹制的菜肴，芙蓉以白色者居多，厨师借花的清洁色白，高雅素淡的品格来比喻菜品之美。芙蓉类菜品在选料上，一般都要选择无骨无皮，质地细嫩的动物性原料，在刀工处理上面采用双刀砸剁的方法，就其烹调方法上有烩、炒、蒸等几法。此菜白绿相辉，雅似芙蓉出水，清香四溢，品上一口，柔软细嫩，清鲜异常，是四川风味菜肴之一。

雪花鸡淖：状如云朵，似积雪堆叠，入口柔软滑嫩，诚然是“食鸡不见鸡”的妙品。制作时取鸡脯肉去筋，用刀背捶蓉，去尽蓉中筋络，装入碗内，先用冷鲜汤调散，再加入水豆粉、盐、味精、胡椒粉搅匀，最后加入蛋清打成的蛋泡搅匀。炒锅置旺火上，下猪油烧热（约180℃），倒入鸡浆，炒熟起锅，盛盘撒上火腿末即成。

任务十三　郁山三香传统制作技艺

一、非遗美食欣赏

郁山三香，因产自郁山镇而得名，以前郁山产盐，古时工商业异常发达，但因交通不便只能依靠水路与外界相连。当时由于路途遥远，各商贾船家皆备干粮于路上食用。于是将红薯淀粉、猪肉、鸡蛋蒸制成团便于携带，食用时切成片状，适当加以芋头、豆腐、豆芽等配料蒸熟即可食用。因其易于保存、便于携带、吃起来色香味俱全，营养搭配合适，逐渐深受大家喜爱，普及家家户户。如今，郁山三香不仅是宴席上必备的珍馐，而且是享誉彭水的特色小吃。

一般场合三香蒸熟切片就可以食用了。如果用在宴席上，稍微讲究点还要在其下加上底子，底子用干豇豆、油炸豆腐条、洋芋团、豆芽、白菜丝等加辅料炒制而成，其做法是先在碗中将三香片均匀摆放呈梅花状（一般是十六片），再将准备好的底子盛入，加热后，倒扣于盘中就可以食用了。

二、制作方法

1. 主辅料：半肥瘦新鲜猪肉、土鸡蛋、爆阴米花、红薯淀粉、盐、味精、葱姜蒜等。

2. 将洗净的猪肉去皮，切成筷子粗细的肉条，加入淀粉和爆阴米花，用土鸡蛋稀释至抓着能从手指缝流出为宜。

3. 将红薯淀粉里的大颗粒弄散，加入鸡蛋液抓匀。这道工序最见功力，鸡蛋和淀粉的比例，直接影响到成品的色泽和口感，鸡蛋多了，淀粉少了，不易成型，鸡蛋少了，淀粉多了，吃着腻口。

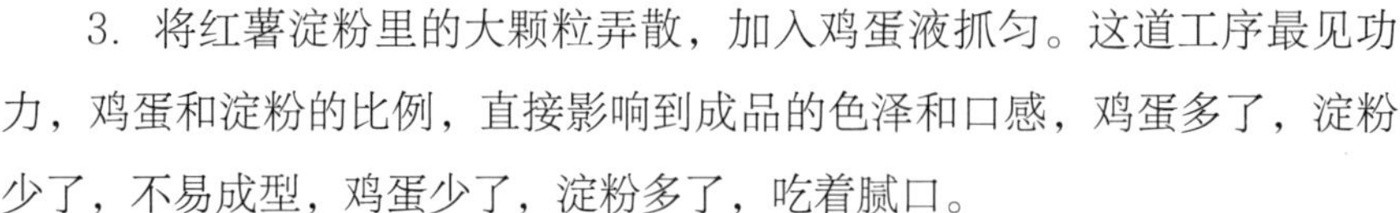

4. 接着加适量精盐、花椒、大蒜、生姜等佐料拌匀，选当年的芭蕉叶或荷叶包裹成条状，上笼用大火一次性蒸熟，然后趁热切斜片装盘即可上席。

三、注意事项

1. 红薯淀粉、鸡蛋、菜油、肉末、姜、花椒、葱、盐、味精配比要合适。
2. 红薯淀粉泡水一晚上，倒出多余的水备用。

四、风味特色

色泽金黄、晶莹油亮，碎肉裂口可见，香气浓烈、绵韧滑舌、味道可口。

知识链接

香肠：人们为了使食物的保存时间更长，发明了很多食材的处理方法，比如将肉类用盐腌制，再装进肠子里保存。香肠就是在这样的背景下产生的。相传最早的香肠出现在公元前8世纪的高卢地区，后经古罗马人在公元前2世纪传遍欧洲。中国香肠的出现比欧洲晚一些，最早可追溯到魏晋南北朝时期的江南地区，每到春节前人们杀猪宰羊，将肉类切成小块塞进猪肠中，晾晒成干，以备春节和正月食用，这种在腊月制作的食物也就是最早的腊肠。香肠其实是将肉类灌装到肠衣中制成的一类食物的总称。在中国，按照制作工艺的不同可以分为腊肠与风干肠、熏煮香肠、火腿肠与午餐肉等。

任务十四　郁山烧白传统制作技艺

一、非遗美食欣赏

距彭水县城约20公里的郁山镇地接黔江、湖北利川，是彭水县的东大门，因为产盐，巨商富贾便走马灯似的你来我往，水陆两路行人络绎不绝，其间不免要停马歇轿，自然要吃要喝，久而久之，这块弹丸小地便饭馆林立，小吃遍地开花。郁山就此融合了东西南北中各种口味，形成了独具特色的地方菜系。其中，以烧白、三香、鸡豆花最为有名，广受好评的郁山烧白（扣肉的一种），是其他地方烧白不能比拟的一道家常菜。

郁山烧白松松软软、肥而不腻、入口即化，配以白米饭食用，常出现在宴席中。郁山烧白的主材猪肉，脂肪含量较高，很多人怕吃了发胖，其实猪肉含有丰富的优质蛋白质和脂肪酸，并提供血红素（有机铁）和促进铁吸收的半胱氨酸，能改善缺铁性贫血。适量地吃些猪肉对人的身体是很有益的，而且经过长时间炖煮的肥肉中的饱和脂肪酸含量会下降，不饱和脂肪酸含量会增加，而肉内的营养元素却不会流失。猪肉煮汤饮下还可急补由于津液不足引起的烦燥、干咳、便秘。不过，肥胖、血脂较高者还是不宜多食猪肉。

二、制作方法

1. 主辅料：猪三线肉、醪糟、盐菜、渣海椒、老抽、料酒、盐、姜、蒜、味精、花椒粉等。

2. 烧白一般选用新鲜的三线猪肉，将其沥干水分，用喷灯或柴火将猪皮烧糊，并再次洗净沥干。

3. 打汁上色，上色就是用醪糟水均匀涂抹肉皮并晾干（也可选融化后的白糖作为汁水，但技术难度大，不易掌握，故一般不用）过油，直至肉皮变成暗红捞起放入温水使其软化，随后切成厚约2min的肉片待用。

4. 以上工序完成后，便是制作底子。正宗的郁山烧白一定要用切细的萝卜盐菜（腌制过的萝卜茎叶），配以熟的渣海椒，一般按5：1的比例拌和即成。

5. 装碗上笼。先倒入少许白酒将每只扣碗（一种略大于饭碗的土碗，俗称“土壳壳碗”）都均匀冲洗一下，接着将切好的肉片码齐（码肉片时手不能握得太紧，否则不易蒸熟）放入扣碗（肉皮朝下，按老规矩每碗一般放16片），之后将准备好的底子盖在肉片上（一般与碗沿齐，中间稍凸），再在上面淋上一两汤匙用盐巴、老抽、料酒、姜、蒜、味精、花椒粉等调和的汁水，最后将其一一放入蒸笼入锅，用大火蒸一个小时左右，待蒸笼内香气四溢时，便大功告成了。将扣碗倒扣入盘中即可。

三、注意事项

1. 将猪肉刮洗干净，放入冷水锅中煮至断生后捞出，趁热在肉皮表面抹上醪糟，静置10min。

2. 将猪肉放入170℃的油锅里炸，待皮面起皱、呈棕红色捞出，放入温水中浸至皮回软，凉凉后切片。

3. 将肉片平展开放入蒸碗中，肉皮向下摆型，面上放入盐菜，再淋入盐巴、老抽、料酒、姜、蒜、味精、花椒粉等调合的汁水，入蒸笼蒸至软熟，取出蒸碗，翻扣入盘成菜。

四、风味特色

郁山烧白以香、鲜、软、糯、嫩著称，口感不仅肥而不腻，而且咸中带甜，带着花椒的麻香，又软又糯再配上白米饭，鲜香爽口。

知识链接

粉蒸肉：将猪方肉用温水洗净，刮去绒毛，切成10cm长、4cm宽、1cm厚的肉片。将肉片放在盆内，加葱花、姜末、黄酒、郫县豆瓣酱、红乳腐汁、酱油、甜面酱、糖、高粱酒、味精、盐、酒酿汁等，拌和均匀，腌渍20min，再放炒米粉、香油、红油继续拌匀。将肉片逐片整齐地平铺于扣碗内（皮朝碗底），上笼蒸至酥烂，反扣在盘内即成。

任务十五　鲊（渣）海椒传统制作技艺

一、非遗美食欣赏

渣海椒是武陵山区人们餐桌上的最爱，无论是佐酒还是下饭，随处都可以见到渣海椒的身影。严格意义上讲，渣海椒的正确写法应该是“鲊海椒”。“鲊”即是用米粉、面粉等加盐和其他佐料拌制的切碎的可以贮存的菜。“鲊”也是一种腌鱼的方法，所以在古时，腌鱼都叫“鲊”。不过，“鲊”字的范围现在已经发生了变化——成了人们对土法腌制的代词。或许是“鲊”字太过生僻的缘故吧，民间便把“鲊海椒”写作了“渣海椒”。在武陵山人看来，渣海椒是他们土家先辈赐予自己的传家宝，每一道制作工序都是一段记忆和感情的延续。

渣海椒食用方法很多，有渣海椒炒五花肉、渣海椒面糊、渣海椒炒土腊肉、渣海椒蒸肉、渣海椒蒸排骨等。

二、制作方法

1. 主辅料：新鲜辣椒、玉米粉、糯米面、盐、老姜、野蒜等。

2. 选择新鲜的海椒，海椒的选取是制作渣海椒成败的关键，选材以小而老的红色拉秧子海椒（从地里拔掉的辣椒秧上摘下的最后果实）为最佳。别看它的个头小，可却辣味十足，用它做出来的渣海椒可谓色香味俱全。

3. 将准备好的红海椒用清水洗干净晾干水分，用刀将其剁碎之后拌入盐、老姜、少许野蒜等佐料。

4. 根据自己的口味喜好放入约海椒量二分之一的玉米粉或是糯米面，拌均匀之后立即装入陶制的坛子里，按紧，用干净的稻草或玉米衣壳塞紧，再用竹条盘住坛口，倒置于一个盛有清水的陶盆之中，让其密封发酵。一两周之后，一坛子略带酸味、香气扑鼻的渣海椒就算做成了。

三、注意事项

1. 注意更换陶盆之中的清水，预防发酵过程污染。
2. 渣海椒发酵后可以先炒好，以用作炒菜时备用，炒的时候一般不加油。

四、风味特色

渣海椒既可以单独炒来吃，也可以炒肉，现在更拿来炒回锅，实在别具风味。早些年米都是稀缺的粮食，所以人们大多用的是苞谷面。现在大多用米粉替代了苞谷面，用以搭配渣海椒的渣肉也以米粉肉（粉蒸肉）代替了。

渣海椒不像泡菜那样开坛取出就可以食用，它是生的，需要蒸或者小炒。渣海椒是蒸制扣肉必不可少的原料，平时也可加油炒熟吃，亦可炒回锅肉，或加豆豉、葱、芹菜等，风味独具。渣海椒既可以单独成菜，也可以与肉、鱼烩菜，如渣海椒回锅肉、渣海椒炒鱼、酸渣鱼汤等，同时它又是各味渣菜的“加工厂”，可以加工出许多美味可口的渣菜来。微辣带点酸，开胃健脾。

知识链接

渣肉：将新鲜的猪肉洗净切片，用盐腌渍一下，滤干水汽，先用米粉拌和（如拌粉蒸肉一样），再埋进渣海椒坛子（俗称渣坛子）中去，约10d就变成了风味渣肉。吃时，将渣肉放进锅中用少许水慢慢蒸熟，再煎出油来，佐以姜、蒜、花椒翻炒，起锅时撒上一撮香葱装盘，口感香辣微酸，格外开胃。

渣鱼：将鱼（最好是肉质紧实的黑鱼和大鲤鱼）切成豆腐干大小的块，用盐腌渍一下，滤干水汽，再与米粉拌和（如拌蒸鱼一样）埋进渣菜坛子中去，约7d就是变成了风味渣鱼。烹饪方法有两种：一种是油煎，如煎渣肉一样；另一种是炖汤，称为酸渣鱼汤，口感渣香鲜辣且无鱼腥味。

渣虾：将新鲜的虾洗净，用盐腌渍一下，滤干水汽拌上米粉，埋进渣菜坛子中去，7d左右就变成了风味渣虾，油煎而食，口感奇美。

渣肥肠：将猪大肠洗净，投进放有适量食盐的水中煮熟，滤干水汽，切成小段。先用米粉拌和，再埋进渣菜坛子中去，10d左右就可品尝到风味独特的渣肥肠了。吃时，将渣肥肠入锅煎至油亮金黄即成。也可做酸渣肥肠。

渣藕渣洋芋（土豆）：将藕或洋芋去皮、洗净，切成丁块，用盐腌渍一下，再下米粉拌和，埋进渣菜坛子中去，10d即成。

渣冬瓜：将老冬瓜削皮，切成圈、晾焉，再切成块，用盐腌渍一下，再与米粉拌和，埋进渣菜坛子中去，10d即成，吃时用油煎熟，口感如肉。

渣扁豆、渣茄子：将扁豆、茄子洗净，焯水，用盐腌渍一下，晾干水汽，再与米粉拌和，埋进渣菜坛子中去，10d即成，吃时以干炒为宜。

项目三

武陵山区鄂西地区非遗美食

任务一　土家十碗八扣制作技艺

一、非遗美食欣赏

土家十碗八扣在土家族已经流传几百年了。土家十碗八扣不是每天都能吃到的，只有在土家人办喜事的时候才能一饱口福。比如喜结良缘席、喜添贵子、千金酒、满月酒、立新屋酒，还有老人们的拜寿酒等。在以前土家族的餐桌上是看不到盘子的，桌子上放的全部是蓝边大口碗，而且桌上放的都是十碗菜。久而久之，土家族人就给宴席取名为“土家十碗”。

十碗菜的菜谱，比较规范的说法是“一碗头子、二碗笋子、三碗鸡子、四碗鲜鱼、五碗蒸渣、六碗羊脍、七碗丸子、八碗肚子、九碗正肉、十碗汤”；十碗菜在桌上陈放也有规矩，或摆“四角扳爪”或摆“三元及第”。除十碗菜以外，上下还要配腌菜碟两个，为客人解酒解腻，这是土家人最隆重的筵席。

二、制作方法

第一碗头子。肉糕是十碗八扣的头菜，是把剁好的肉放入盆中，加入鸡蛋和好后，依次放入花椒面、胡椒面等调料拌匀，再加入鸡蛋和土豆淀粉搅拌均匀，放入蒸笼蒸制，定型后切片，先放入肉糕再放入粉条和黄花，蒸好后倒置过来。

第二碗笋子。讲究的土家人会在笋子上放海参或鱿鱼，把笋子用高汤煨制，捞出垫底，上面摆放辽参并淋入咸鲜汁，蒸15min即可，取出扣在盘中。

第三碗鸡子。鸡切块，鸡块中放入鸡蛋清，放入淀粉、面粉、盐、鸡精搅拌均匀。锅中倒油，放入鸡块，炸至金黄，盛入碗中。放上葱、姜、八角、花椒。将装有鸡块的碗放入蒸锅中。蒸30min取出，扣在盘中即可。

第四碗鲜鱼。先小心地将嫩豆腐切成半厘米厚的块（稍稍沥干水分），将鲮鱼切成和豆腐大小相等的块；然后一层豆腐，一层鲮鱼摆在合适的盘子里，中间空的地方放上罐头梅菜；红甜椒切丝稍做装饰，葱白切丝盖在豆腐上；接着将盘子放入蒸笼，水开后隔水蒸10～15min。

第五碗蒸渣肉。一般将五花肉、红苕切成2cm见方的块待用；五花肉块中加入醪糟汁、甜酱、盐、花椒、红糖、姜末、葱末、豆瓣拌和均匀；再下大米粉和匀；将拌和好米粉的渣肉装入碗中，再将红苕块摆在肉上，翻扣于圆笼中；入笼蒸软，取出撒上葱花即可。

第六碗羊脍。制作时首先将羊肉用温水洗干净，然后将羊肉切成块状，放入锅里，加水、料酒、生姜一起煮沸去腥，捞出后用清水洗干净。把去腥的羊肉放入调好的汤料锅里煮至6成熟，捞出放冷后，再将羊肉切成小片。接着将切好的羊肉装碗，一定要皮朝下放入碗里，在上面加些许花椒、辣椒、生姜、大蒜、山奈等调料上蒸笼蒸。

第七碗丸子。猪肉馅里面放盐、蚝油、生抽、姜末、小葱、胡椒粉拌匀备用。用手搓成丸子，放在盘子里，冷水上锅，大火烧开转中火蒸20min。

第八碗肚子。猪肚切成条，南瓜切菱形块，葱切段、姜切片，将猪肚用盐水洗净，冲洗干净，放入锅内凉水下锅煮，放入葱姜、花椒、大料，将煮熟的猪肚捞出切片，锅内倒水放入猪肚片、南瓜块、泡好的薏米，大火煮开。将煮熟的猪肚薏米汤盛出，放入胡椒粒上蒸锅，盖上保鲜膜蒸10min即可。

第九碗正肉。五花肉洗净，等水烧开后放入煮熟，在煮的时候要加入料酒、八角、陈皮及其他香料去腥调味。为了更好入味，煮好后，需要在肉皮表面插些小孔，还要趁热抹上些老抽。

第十碗汤。将鸡胸肉洗净，切丝汆水；平菇洗净撕成条；虾米洗净稍泡备用。净锅上火倒入高汤，下入鸡胸、平菇、虾米煮熟即可。

三、注意事项

土家人每逢婚丧嫁娶、喜筵寿诞等重大日子，常用这种最高规格招待客人。其中第一碗是“头子碗”，肉糕垫粉条和黄花；最后一碗是虾米肉丝汤，除这两碗不用盖碗外，其余八碗均先用盖碗（比大碗小），在碗内涂上油，将食物、佐料放进，上格蒸熟，然后以大碗扣上反转过来，揭去盖碗，其菜形制一样，表面光滑。上菜时按顺序一碗一碗地上，每上第一碗，端大盘子的人高喊一声“大炮手——”，长长的拖腔直到席前，随之鸣炮，主人便前来敬酒。客人边吃边上菜。接着出第二碗，端大盘子的人高喊“顺——”，这样直到上第十碗，大盘子一声“齐——”后，稍后客人的饭也就吃完了。客人坐席的席位按上下左右，各分大小。

四、风味特色

据说“十碗八扣”是从晚清宫廷“满汉全席”变化而来，其最高级别要数“八大件”。“八大件”的菜谱内容也有严格规定，即小米年肉、椒盐酥肉、锅烧佛手胆、天麻全鸡、玉米鸡蓉、锅贴烧鸭、金银蛋卷、佛爬甲鱼。除这“八大件”外，还有颜色各异的“十冷碟”，即一青二白、三红四黑、五酸六辣、七方八面、九圆十足。“八大件”和“十冷碟”，对待客程序也极其讲究，如今已难得一见。

知识链接

土家牛头宴

牛头宴又名土司宴，原本是送迎将士的出征和凯旋的犒赏，现在逐渐演变成了土家族接待贵宾的盛大礼仪宴会。相传，唐代末年，江西彭氏土司征服五溪诸蛮以后，建都城于永顺县会溪坪。第十一代土司彭福石于公元1135年移都城于老司城。为了鼓舞士气，增强军民信心和斗志，在一次军队作战凯旋回城时，彭福石特命令城中军民杀黄牛犒劳将士。宴席上，土司王命人支起100口大锅，熬牛头以鼓舞士气，希望以后每次作战都能够牛气冲天，大败敌人。土家士兵吃了这“牛头宴”后，果然士气大增，以后每逢作战都能够奇迹般地获得胜利。

“牛头宴”承载了太多土家先民的荣耀和希望。1728年，为削弱土司权利，清朝实施“改土归流”，“牛头宴”也随之逐渐失传。2007年，永顺县组织有关人员挖掘，经过反复的试制，终于成功。

牛头的具体做法是，将整只牛头蒸熟后连大铁锅一起端上席，配以泡红辣椒、酸肉、蒿子粑、腊肉，客人们用刀子切割牛头上的牛肉食用，大快朵颐，喝竹筒米酒，体验土司时期士兵出征前满怀豪情准备英勇杀敌的感觉。牛头上每个部位的肉质对于火候的要求都不同，比如在受热相同的情况下，牛脸和牛眼的熟嫩程度就不一样。牛头宴的做法需要数十种辅料，才能使牛头上的每一块肉都那么鲜嫩可口，令人唇齿留香。通常熟牛头一般重三四十斤，能出肉十多斤，光牛舌就有三四斤肉，上品牛头讲究骨酥肉烂、嫩爽入味、肉香四溢，用刀叉刺肉块，蘸几样小料（椒盐、辣椒、蒜末等）食用，配以棒渣粥、烧饼，或时令小菜。

任务二　利川柏杨豆干制作技艺

一、非遗美食欣赏

柏杨豆干是湖北省恩施湘西土家族苗族自治州的一种地方特色菜肴，因产于利川市柏杨坝镇柏杨村而得名。2011年1月16日，恩施湘西土家族苗族自治州人民政府将柏杨豆干工艺列为第三批非物质文化遗产保护名录，对柏杨豆干传统手工艺进行保护。明清以来，在利川柏杨集镇一带就开始生产豆干，其中尤以柏杨沈记豆干作坊生产的豆干最为有名，并被当地官员列为朝廷贡品，深受朝廷皇族们的喜爱，康熙皇帝还给柏杨沈记豆干作坊亲笔御赐“深山奇食”金匾。从此柏杨豆干也称为深山奇食沈记柏杨豆干，并以皇恩御赐为荣，使豆干制作传统工艺沿袭几百年传承至今，成为人们喜爱的地方风味小吃。

柏杨豆干历来用炭火烘烤，工具为炭火、竹篾筛，将豆干一块一块放到竹篾筛上翻烤，至颜色金黄，豆油略为沁出，香味溢出即可。最后一步就是包扎，把棕树叶撕成细线状，捆扎整齐，放在簸箕里即成。

二、制作方法

柏杨豆干主要以优质地产大豆、龙洞湾泉水和若干种天然香料为原料，经过水洗、浸泡、碾磨、过滤、滚浆、烧煮、包扎、压榨、烘烤、卤制、密封等十几道独特工序加工而成。

1. 选用当地高山含硒大豆，筛去杂质，前一天晚上便选7.5kg左右的大豆用泉水清洗，然后浸泡6h左右，至第二天凌晨用石磨磨豆，一瓢豆（20粒左右）一瓢水，不可多不可少，磨成豆浆。将豆浆上面的一层泡沫用木瓢舀去，以保持豆干的品质。

2. 柴火煮浆至翻滚沸腾，煮浆过程中需用竹片搅动，以防煳锅，否则加工出来的豆干便有异味。熬煮开后起锅时，用竹条取三张豆油皮。这豆油皮是豆干中的精华，富含大豆卵磷脂和异黄酮，薄薄一层即可下汤，又可包裹豆干一起品味。

3. 熬好豆浆后便是滤浆。用白布做成的“摇摇”将豆浆中的豆渣滤出，反复两次，确保过滤的豆浆纯净。

4. 过滤后的豆浆用木制盖子盖上，每隔5min搅拌一次，共搅拌3次，最后一次添加沈记祖传香料，与豆浆相融在一起。半小时后揭盖闻香，查看自然凝固形成的豆花。柏杨豆干最绝、最神奇的地方就是游浆，因不像其他地方推制豆腐要添加石膏，柏杨豆干只用沈氏家族从高山采摘的天然植物香料，所以这样推制出来的豆腐嫩、滑、鲜，如玉如脂，也没有用石膏做成的豆腐那种淡淡的生味。

5. 包干。用布帕按照湿豆干或干豆干的规格进行包扎，湿豆干每块厚约0.8cm，长宽约80cm；干豆干每块厚约0.6cm，长宽约80cm。将包好的豆干一叠一叠叠好，湿豆干6块一叠，干豆干20块一叠。沈家的人从三五岁开始，便开始站在木榨旁跟着大人学包豆干。

6. 豆干包完后，用木榨将叠好的豆干压榨1h左右，榨出多余的水分，干豆干需要3次调整力度，既要保持一定水分，又要防止榨得过干。干豆干可以薄如蝉翼，透过光线还可以看清对面的人，可以说是世界上最薄的豆干。将榨好的豆干一块一块剥开，剥开一块便在沈记祖传香料中滚洗一次，摊放在木板上，这样从外到里都有了香味，同时也还起着保鲜的作用。

三、注意事项

1. 柏杨豆干在整个制作过程中，其特殊性就是不用石膏及其他任何化学品，奥妙就在于当地泉水和传统工艺中。有“出此山，无此水，便无正宗柏杨豆干之说”，是制豆腐业中的一绝。

2. 后续为让豆腐干入味。可适当加入卤汤炒制，当汤汁变少时不停翻炒大火收汁，滴一点点香油拌匀，最后撒上熟芝麻。

四、风味特色

柏杨豆干色泽金黄，美味悠长，绵醇厚道，质地细腻，无论生食还是热炒，五香还是麻辣，均有沁人心脾，回味无穷之感。经质量技术监督和卫生防疫等部门检验，产品符合国家标准，内含丰富蛋白质、多种维生素及钙、锌、钠、硒等多种营养元素，保质期可达8个月以上，有“固体豆浆”之美称。柏杨豆干是地方特色很强的产品，其他地方很难复制。

知识链接

干豆干：干豆干的压制可不是随便选择重物的，因为干豆干用的豆花量少，而且干豆干以薄取胜，一起叠放在闸槽中，用千斤顶挤压1h，要充分逼干水分。干豆干入味很简单，只要你喜欢，用什么调汁都可以，只需轻轻静泡一下就可以了。最后就是炭火烘烤了，这可是个细活，要眼明手快，稍有耽搁豆干便会烤焦。这种豆干浓香又有嚼劲，而它最大的优点就是耐储存，所以干豆干是外销的主力。

湿豆干：湿豆干的保质期很短，经不起长途运输，也因此成了当地特产小吃，独家美味。在家庭餐桌和街头小吃上可谓是独领风骚。家庭的做法通常是将豆干切三角块，搭配腊肉先煸后焖，腊肉的咸香被豆干完美地吸收，鲜味倍增。这就是豆干焖腊肉。或者直接素炒，豆干条炒青菜也是不错的选择，同时在当地还有一种特殊吃法，就是将豆干切碎与盐、葱花拌到一起做馅料，然后包到汤圆里，这豆干汤圆绝对颠覆你对汤圆的认知。

任务三　凤头姜制作技艺

一、非遗美食欣赏

来凤姜因分蘖力强，嫩枝状如凤头，本地俗称“凤头姜”，为来凤的农家品种，国内生姜专著中惯称“来凤姜”。在世界生姜品种中，唯来凤姜的指状姜笋脆嫩无筋，清香醇厚，为姜中独有。生姜在来凤具有五百余年的种植加工历史，是传统土特产。早在清朝中期，来凤县城就有生姜专卖市场。每年中秋节前后，这里的生姜就大量上市，因此，来凤的“仔姜炖仔鸭”和“糟姜”很早就成为鄂西名菜。每年一到农历冬、腊月，本县农民纷纷挑担上四川、下湖南卖生姜，换回锅巴盐和五彩丝线。凤头姜，因其形似凤头而得名，其姜柄如指，尖端鲜红，略带紫色，块茎白，品质优良、风味独特。鲜子姜无筋脆嫩、辛辣适中、美味可口，老姜姜皮薄、色鲜、富硒多汁、纤维化程度低、营养丰富、风味醇美。

关于凤头姜也有一个古老的传说，凤仙子奉玉帝之命化身一只美丽的凤凰，到人间撒播吉祥，凤凰在空中盘旋，看到了一个美丽的地方。

酉水河宛如一条碧绿的彩带，在群山峻岭中飘绕；龙洞河清粼粼地漫过细细沙滩，在阳光下闪耀着跳动的银光；客寨河蓝溶溶地衬托着两岸摇曳的芭蕉叶片；在三川交汇的地方，横卧着一座形似凤凰的山丘，山上梧桐树在微风中舞动着叶片，像无数支小手鼓掌欢迎凤凰的来临，金色的阳光透过云蒸雾漫的水气在两河之间架起一座七色彩虹。半山腰一口清澈的泉眼，涌出一股甘甜的泉水，泉水透出芳草的清香，飘逸在空中。这只美丽的凤凰，看到这美丽的地方便落到了山冈的梧桐树上，饮了山中的甘泉，她的心留在这里了，要在这里撒播吉祥，这个地方因此而名为“来凤”。

在这座山的对面，有一座老虎坡，坡下有一个老虎洞，洞里有几只凶猛的老虎，它们经常出来损坏庄稼，扑食农户喂养的鸡、猪，饿了甚至还要吃人，勤劳的庄稼人只好远离故乡。在老虎坡上，有一户姓田的人家，父母兄弟姐妹都被老虎吃了，只剩下田老三不信邪，立志要杀掉老虎为父母兄弟报仇。有一日他带着猎叉、响炮和尖刀，在老虎来的路口挖陷阱，安上套，趴在巨石后等着老虎的到来，谁知这次出来了三只老虎，一只老虎中了套，另两只凶猛地向田老三扑来，抓伤了他的脸和腿，好在田老三身壮而灵活，急中生智炸响了响炮，两只老虎吓得跑回山洞。

凤凰飞到老虎坡上，听见山上有呻吟的人声，呻吟之声痛苦忧心，凤凰看到一个满身是血、生命垂危的青年。凤凰口含津髓，从青年口中注入，立即唤来百鸟集山中草药，敷在青年的伤口上，三日之后，田老三不仅体壮如牛，而且身轻如燕。

凤凰决心帮田老三除掉大害，唤来几百只老鹰、鹞鹰等猛禽，叫田老三召回逃离的乡亲，百姓和猛禽把老虎洞紧紧围住，田老三点燃毒烟辣火将老虎熏了出来，猛禽一起飞下啄瞎了老虎的眼睛，老百姓一起上来刀砍叉杀，杀死了老虎坡的全部老虎，恶战中有几只老鹰受伤了，田老三便把它们抱回家，用草药敷伤口，精心喂养它们。凤凰看到田老三不仅英俊勇敢，而且心地善良，便深深爱上了他，于是褪去羽装变成一位美丽的姑娘与他结了婚，并生了一儿一女。

玉皇大帝得知凤仙子犯了天戒，命天兵捉拿凤仙子回天界受审，凤仙子在被捉回天界的时候，十分不忍离去，便将头上的凤衩拔下，随手扔向田老三，田老三没有接住凤衩，凤杈插在土里，冒出一道金光，在金光闪闪中露出一支凤头，凤头慢慢钻入土中，土中冒出一株绿苗，叶似竹叶，比竹叶更绿更长，小苗越长越大，形如凤仙子飘逸的头发，田老三好像看见凤仙子在向他挥泪离别，立即趴下用手将这株苗拔出，块茎形似手掌，支支白嫩似玉，白中渗黄，黄中透亮，支支相交，形成一支鲜活的凤头，每支上端附有紫红的鳞片，如鲜红的羽毛嵌在凤头上，把它贴在脸上，清凉中透出一缕缕暖热，田老三忍不住掰下一支放在口中，吞入腹中，顿觉浑身一股暖气升腾，身上略略冒出一些微汗，全身觉得十分舒服。

这一夜，田老三做了一个梦，梦见美丽的凤仙子坐在他身边，握着他的手告诉他，那是我留给你的纪念，它是我头上的凤衩化成的，你就叫它“凤头姜”吧，它会伴你一生，逢凶化吉，你要把它种好，子子孙孙传下去。

田老三依照凤仙子的嘱咐，把土挖得很细，把沟开得很深，把肥下得很足，天旱时隔天浇水，凤头姜长得又大又肥，脆嫩得人见人爱，同时，田老三还教会乡亲们都来种姜，炒菜时放一点，清香无比，煮肉时放一点，除去膻气，吃不完的用盐腌起来，用红辣子泡起放在坛子里，逢年过节拿出来招待贵客，白中透红，辛辣可口，使人胃口大开，回味无穷。种姜的消息四方传开，许多地方的人都闻讯而来，于是田老三把自己的姜种拿出来送给他们，但是，这姜却很怪，别的地方种出的姜，块茎瘦小而且筋多，根本不像鲜嫩的凤头姜，土地公公说：这是凤仙子对来凤人民的恩赐，只有这块地方才能种出凤头姜哟。

田老三的儿子田吉祥，成了远近闻名的姜仙，皇上知道了他种的姜要他作为贡品上贡，成为刘镛在乾隆皇帝六十大寿时送的寿礼，“一统江（姜）山”里的姜就是凤头姜。

凤头姜不仅是一种调味品，而且在医学上占有特殊地位，它含的姜醇、姜烯、姜辣素等，对人体健康很有益处。因此，适量食用凤头姜，能起到增进食欲、健脾胃、温中止呕、止咳祛痰、提神活血、抗衰老等作用。

二、制作方法

凤头姜常见的制作方法有两种：一是洗净去皮后与红辣椒、大蒜等一起泡制成咸菜；二是将凤头姜切成片，拌适量的糟辣椒、盐等佐料，入瓮几日后食用。糟姜的加工如下：

1. 主辅料：凤头姜嫩姜、白酒、酒糟、盐、花椒、红辣椒、白砂糖等。

2. 将生姜去皮后，用水洗净，沥干水分，然后切成大小均匀的姜块，放入盆内，加入白酒、酒糟、盐、花椒和切碎的红辣椒一起拌匀。

3. 把姜置入土坛内，上面撒上砂糖，盖严坛口，腌制约一星期即可开坛食用。

三、注意事项

1. 腌制时坛子要密封严实，不能沾染油类，否则影响发酵效果。

2. 姜一定要选择嫩姜，腌制后才会爽脆。

四、风味特色

当地人受到酸菜发酵的启发，采用纯手工制作的方法腌制出具有土家特色的凤头姜，凤头生姜品质独特，皮薄色鲜、富硒多汁、风味醇美。糟姜辛辣适中、美味可口，健脾开胃、祛寒御湿，被称作土家人的咖啡。

知识链接

仔姜：辛辣味比较淡，可以直接食用，或者腌着吃，适合体质燥热的群体；同时，因为它味淡不会影响其他食材的味道，也比较适合凉拌或者清炒等；因此，常见的有糖醋姜、寿司姜、仔姜烧鸭、仔姜炒牛肉、仔姜炒肉丝等美味做法。

新姜：作用特别广泛，它的辛辣味相对仔姜较重，腌制以后气味也不会轻易消失，可用来去腥、炒菜或者炖煮等，所以它常用来做配菜或者调味料来做菜。

老姜：老姜含有丰富的姜辣素，所以味道浓郁，辛辣味十足，适合体质虚寒人群。烹饪前为了更好地取味，会将它切成块或者片，再用刀背拍松，让其裂开从而更多地溢出姜味。也因为老姜的味道重，它一般用在火工菜中，如炖、焖、烧、煮、扒等较为复杂的烹调方法中，煮完后的姜一般不食用而是取出来丢弃掉。此外，很多女性喝的红枣姜糖，也最好使用老姜。

姜的应用原理：姜属于姜科植物，含有挥发性气味物质，并且有浓烈的辛辣气味。这类呈辣味的物质溶于油脂中，为菜肴提供了着香、附香、抑异味、赋予辣味的作用，并由此产生增加菜肴风味和增进食欲的效果。姜中呈辛辣气味的主要成分是丙烯硫醚、丙基丙烯基二硫化物、二丙烯二硫化物等。但是这些香辛味主体成分是在酶或高温下，将姜氨酸氧化分解后才产生的。因此在炝锅时，锅内下入底油，在油温为30~50℃时，再下入经加工处理的姜，其香气成分才能充分发挥出来。在炝锅时酶促作用加快，使香气充分溢出而溶于油脂中，因而使油脂具有强烈的香辛气味，对菜肴起到了解除异味、增鲜提味的作用。

任务四　八洲坝苕糖传统制作技艺

一、非遗美食欣赏

八洲坝村曾经是享誉湘、鄂、渝边区的“苕糖村”。据传说，八洲坝村人熬苕糖起源于清末民初时代，至今已有近200年的历史了。在物资匮乏的年代，当地村民将地里种植的红苕（即红薯）熬成苕糖出售，换回大米、布匹等必需的生活物资。熬苕糖因此成为当地农民的基本生活技能之一。

在锅底留一点苕糖，把大米花、玉米花、花生、核桃、芝麻，倒入锅中，用大铲搅拌均匀，然后用手做成条形的圆柱体，再用菜刀切成薄片，叫作杂糖，又是苕糖的一种口味。根据自己口味，也可以做成单一的米花糖、芝麻糖、花生核桃糖、玉米花糖。还可以把锅里的热糖用手搓成条形，做成小拇指那么粗，两三寸长，一节一节的，叫作“节节糖”。然后放一层糖一层炒面，防止糖粘在一块。纯手工制作的苕糖，味道更加不错，黏弹性好，有点粘牙。

二、制作方法

苕糖基本制作程序包括押苕、蒿苕、翻苕、割苕蔓、挖苕、淘苕、蒸苕、熬苕糖、刮糖、扯糖、叠糖。

1. 主辅料：红苕、麦芽。

2. 首先熬苕糖要先将红苕洗净，然后放在锅里蒸熟，再将蒸熟的红苕放在盆里加入水捣成糊。

3. 把麦芽剁碎加水用小石磨磨成浆，叫作麦芽水，熬制苕糖时，拌上捣碎的麦芽水，进行发酵。

4. 发酵1～3h。发酵完用布进行过滤，把过滤后的糖水放在锅里用大火煎熬。

5. 锅烧热，在另一口大锅上面放置一个木架子，在竹篮子里放上纱布口袋，将加热的红苕糊糊舀进口袋里，用力挤压过滤，红苕汁一滴一滴地流入大锅中，再用柴火慢慢熬。

6. 水煎干后剩余在锅里的就是糖了。待糖稍冷却后再进行拉糖，可把糖拉成线条一样的粗细。

7. 把擀面杖绑在木桩上，将熬制好的糖盘在擀面杖上，用手来回拉长后，再盘在上面，循环拉扯，叫作“扯糖”。经过这道工序后，糖比以前发白发亮。

三、注意事项

1. 注意熬糖的火候，火太大糖会变老，且容易糊锅，还有一股焦苦味。用勺子舀起糖呈丝线状态，可以停止加热，说明苕糖已经熬制成功。

2. 熬煎，把锅内的糖水加热熬煎，使之浓缩。在熬煎过程中，用糖耙或木板不时搅动，防止苕糖粘住锅底。最后留在锅内的就是苕糖。这一过程一般需要2～3h。熬到一定程度时（用糖耙在糖内粘一下，粘在耙上的糖稀可延长到14～17cm），将糖稀转入涂有一薄层菜油的锅内冷却凝固（如做“泡块”，即将糖稀放入泡米内拌匀，压紧后，切成块或捏成球状）。

四、风味特色

土家族苕糖一般为金黄色，吃起香甜可口，既有红苕的香味，又有蜂蜜一样的甜滋。在七八十年代，八洲坝村熬苕糖的鼎盛时期，全村近家家户户熬苕糖。妇女和老人在家熬糖，男人挑糖在外贩卖。现在随着人们生产生活方式的改变，熬苕糖作为曾经改变了当地人们生活的一种传统生产技艺，渐渐淡出了人们的视线，成为老人们对过去一丝香甜的回忆。

地瓜干：挑选红心，含糖量高，纤维细，含水分适量的红薯为原料，可使制品色味兼优。将红薯用旺火蒸至八成熟，太熟则过烂，不易成型，不熟难以剥皮，影响外观。蒸后趁热剥去外皮。然后两次烤制，初烤时，将去皮熟薯摊排于烤盘上，离火50cm，烤至已成干时，压扁整形，然后继续烤干，但要保持微火，烤至九成干即成。一般烤后7d左右，再行复烤，则可久藏不坏。地瓜干其色泽黄红、质地软韧、味道甜美，可作为馈赠亲友的礼品和宴席上的美食。

灯影苕片：选用红心苕洗净，切成7cm长、5cm宽的长方形，再用刀切成1mm厚的片，放入明矾水中浸漂20min，捞出，再放入盐水中，浸渍30min，捞出，晾干水分。炒锅置旺火上，下菜油烧至六成热，将红苕片下油锅炸至棕红色，水分干时，捞出，沥干油，盛入盘中。取碗一个，放入红油、精盐、味精、白糖兑成汁，浇在盘内的红苕片上，即可供食。该菜品色泽金红，酥脆爽口，咸鲜微辣，略带回甜。此菜因苕片炸后薄而透明，对灯而照，灯影隐隐可见，故而得名。

任务五　张关合渣制作技艺

一、非遗美食欣赏

张关合渣因宣恩一小集镇“张关”而得名，以合渣火锅为典型特征，尤以镇上一位黄姓老太婆制作的最有名、最为地道。那是20世纪20年代末30年代初，鄂湘边界正建设革命根据地，黄家有数人参与，新中国成立后十大元帅之一的贺龙曾住过她家。据说，她出生时的名字就是贺龙给取的，当初叫黄凤义。那时，黄凤仪的母亲就常煮合渣给贺龙吃，当地百姓也用合渣慰劳红军。其实，合渣就是用石磨带水碾碎大豆，其汁与渣不过滤不分离，合在一锅，直接烹食。煮合渣对于山里村妇来说，是小事也是常事。不过，黄凤仪自加入此行列后，经年累月，却琢磨出了新道道。选豆、碾磨、烧煮都多一些讲究，做出来的“合渣”也就很特别：像豆腐又不是豆腐，有渣又似无渣的粗糙感，合渣在锅里白里透绿，柔软细嫩，入口清香鲜美。张关镇因黄凤仪煮的“合渣”口味纯正，营养丰富而被人熟知。

合渣的制作比较简单，只是在开始“推”的阶段辛苦些，因此，土家人称制作合渣为“推合渣”。将黄豆用水泡胀后，在石磨上一转一转地磨成豆浆，再将豆浆兑水放进锅，架火煮开，然后放进切好的菜丝，再煮开，就制成了一锅乳白带绿的合渣。由此可见，“推合渣”比起打豆腐来，要容易得多，难怪土家人又称合渣为“懒豆腐”。正因为制作合渣很容易，营养价值又高，味道也美，所以勤劳的土家人特别钟情于它，他们在农忙间隙“推”一锅合渣，在田里劳作好几小时后归家，将合渣热一热，就能及时填充饥肠。而一锅合渣，一家人可以吃好几天。

在恩施，合渣的吃法很多。有的吃得较稀，不加任何调料，常称为淡合渣，突出“喝”，时而还加洋芋一起煮食；有吃酸合渣的，是将合渣放置变酸，再食，既解渴又消暑；有的还制作成合渣火锅。

二、制作方法

1. 主辅料：黄豆、萝卜菜叶、鲜汤、肉末、鸡蛋等。

2. 将黄豆洗净用水泡胀后，连豆带水在石磨上一转一转地磨成浆，倒入锅中煮开。

3. 放入切好的新鲜萝卜菜叶，再煮开，就制成一锅乳白带绿的合渣。

4. 渣煮好后点卤变得稍干，可以加入炒好的猪肉末的臊子，或加鲜汤配猪肉、仔鸡、鸡蛋等做成鲜肉合渣、仔鸡合渣、鸡蛋合渣等系列合渣火锅。

三、注意事项

1. 黄豆一定要事先泡胀，才好打浆。打好浆才可以煮成好的合渣。

2. 农家人会直接加一些蔬菜一起煮制，煮出来的合渣带着青菜味，更添美味；而喜欢食肉的食客，可以将蔬菜换成肉末，肉馅一定要先加入盐、料酒、淀粉、姜蒜末和香油搅拌均匀后腌制10min，先炒好肉末，再倒入豆浆煮制即成合渣，最后在起锅前加盐就可以了。

四、风味特色

土家人爱吃合渣，不仅是因为制作很容易，还因为它营养价值高，味道也美。常吃合渣有几大妙处：①黄豆富含蛋白质，青菜富含维生素，因此合渣的营养价值高，有美容的功效，经常吃合渣的女孩子，皮肤白嫩，面若凝脂；②合渣的味道特别，清淡，带乳香，百吃不厌；③土家人的第一大主粮苞谷，性粗糙，但就着汤汤水水的合渣，口一张，哧溜哧溜，却极易下喉。在炎夏，喝一碗合渣，既解渴，又消暑，还可以将其放置几天，让其变酸——土家人称为“酸合渣”，酸合渣更解渴，更消暑。寒冬，可在酸合渣中放土辣椒、猪油、盐、大蒜等调料，架在柴火中猛煮，煮到一定程度，可以边煮边吃，又是一番风味。

知识链接

蟹黄懒豆腐：将水泡花生米、黄豆用石磨磨成浆液；熟青蚕豆瓣、白菜切末焯水；火腿肠切成小颗粒；盐蛋黄用刀压碎；水发香菇切末。炒锅洗净加入葱油，下盐蛋黄炒散粉，下鲜汤、香糟汁、料酒、盐、味精、懒豆腐浆液，用小火煮至开后，加入火腿肠、白菜叶末、青蚕豆瓣、香菇末，继续用小火熬煮并用手勺不断搅动至懒豆腐浆液变稠，起锅盛入汤钵中，撒上蟹黄即成。特点：蛋黄味浓，懒豆腐鲜烫，风味独特。

汉中菜豆腐：菜豆腐又称菜豆腐粥，是陕西省汉中地区汉族传统小吃，菜豆腐是汉中小吃的四绝之一（汉中四大小吃分别是：面皮、菜豆腐、浆水面、核桃饼）。菜豆腐也是汉中人们待客离不开的美味佳肴。菜豆腐不仅爽口不腻，而且营养健康，是不可多得的健康食品，尤其在夏季，更有消火增食欲的功效。

菜豆腐吃起来口味清爽，不油不腻，做起来却是一门绝活。第一道工序就是把泡涨的豆子磨成浆，磨好了浆，再细细滤过渣，之后倒进锅里，把豆浆烧开，用提前准备好的酸浆水缓缓倒进锅里，慢慢形成豆腐，如果想吃硬一点的，可以捞起来用棉布包起来，在上面放一小盆水，压数分钟便可。

做菜豆腐的关键在于点豆腐。首先，点豆腐用的是自制的酸浆水，这与普通豆腐制作使用的石膏水不同，用酸浆水点出的豆腐不仅质细且无苦涩味。其次，在制作的过程中，要掌握火候和把握住点浆的时机，否则，做出的豆腐老嫩不适，或是做出的豆腐过少，浪费豆浆。煮豆浆时，开始用大火，待即将开锅时，将火压小，改用文火加热，等豆浆刚刚小开时，就开始倒入酸浆水，并且要一边倒，一边用勺子慢慢搅动豆浆，同时仔细观察豆浆的变化，一旦看到有均匀的小豆腐花出现，立即停止倒酸浆水，只是轻轻用勺子在豆浆的表面连续划圈，使小豆腐花不断聚拢凝结成大块的豆腐团，直至锅内除豆腐团和清水外再无豆浆时，菜豆腐就做成了。

任务六 建始花坪桃片糕制作技艺

一、非遗美食欣赏

“百年老字号，花坪桃片糕。”在建始县花坪乡，只要提起花坪桃片糕，全乡老少都能脱口说出这句形象广告语。花坪桃片糕始于清代嘉庆年间，已有200余年的历史“吴永昌”庆记号桃片糕最为出色。

桃片糕，又名云片糕，关于其美名有一段颇不寻常的来历。相传乾隆皇帝巡游江南淮安府时下榻在一汪姓大盐商的花园中。一日，看到窗外鹅毛般的大雪漫天飞舞，乾隆诗情萦绕，情不自禁地吟咏出“一片一片又一片，三片四片五六片，七片八片九十片……”的诗句，可是到第四句偏偏卡壳了，冥思良久而不得。这时，接驾的汪盐商恰巧捧着细花玛瑙盘子前来跪献茶点。乾隆一想，正好趁这吃茶点的工夫，把窘相掩盖过去。桃片糕薄薄的片儿，洁白晶莹，甚是惹人喜爱，放入口中，酥软香甜，乾隆交口称赞。汪盐商乘机叩请皇帝给这祖传的茶点御赐芳名，乾隆欣然应允，眼前这糕点的色彩、形状、质地，岂不像外面飞舞的雪片吗？哪晓得他一高兴竟将默念的“雪片糕”写成了“云片糕”，既然是御笔，哪是能随便更改的？后来以讹传讹，就沿用了“云片糕”这个名称。

百年老字号“建始花坪桃片糕”产品，在建始乃至恩施州无可替代，影响深远。“吴永昌庆记”“永昌”“云心”牌花坪桃片糕就是从这里走向了山外，“吴记”产品曾携着国际食品博览会金奖的荣耀被带到了中国台湾、香港等地。改革开放后在市场经济的大潮下，大量外出的人们以及便捷的物流配送 ，让它撩开尊贵的面纱，跨过清江，淌过长江，走向了寻常百姓家。2011年，该项目被省人民政府列为省级非物质文化遗产名录。

二、制作方法

云片糕用料是很讲究的，手工工序也是极其复杂的，从选米、炒制、碾磨、露制、陈化、炖制、切片到包装，工序有十余道，至少要三个月才能完成，而且每道工序在温度、湿度、时间、技巧上都有严格的要求。譬如，单是磨面，不同的人磨出的面在分量、光度和细度上也是不一样的，它不仅需要耐力和经验，而且需要有对生活的情趣与智慧。

1. 主辅料：糯米、白糖、麻油、核桃仁等。

2. 炒粉。先将糯米用温水淘净（如用冷水淘，炒时易粘砂粒），干后，拌以石砂炒熟，筛去石砂，再磨制成粉。

3. 湿糖。隔日将绵白糖与香油一起放入缸内，加入冷开水搅匀。

4. 炖糕。先将炒米粉与湿糖（比例相等）、核桃仁拌匀擦透，过筛后置入模具内。压平表面，再用刀将模内粉坯横切成四条。最后连同糕模放入热水锅内炖制，约5min取出。同时也须注意锅内水温，要始终保持半开程度，防止成品含水量过多。

5. 复蒸。复蒸也叫“回气”。将炖好的糕坯再放入锅内复蒸，以增加其糯性。在回气时要注意气温与火候的关系，与炖糕时相反，即夏季火要小，冬季火要大。复蒸约5min，取出后撒些熟面以防粘结，贮存在不透风的大木箱内，用熟面将糕全部盖住，以便吸去水分，防止霉变与保持质地软润，待隔日切片包装销售。

6. 切片。在切片时要做到片薄均匀。原来人们都是手工操作，现都用机器操作，不但减轻工人劳动强度，而且大大提高生产效力和产品质量。

三、注意事项

1. 每一道工序都能有独到的处理，从而形成了自己的特点，主要表现在选米、炒制、碾磨、露制、陈化、炖制、切片等工艺上。

2. 桃片糕切面光整，厚薄均匀，色泽玉白，有光泽。组织绵软俐片、散得开、卷得起、不粘结、不脱桃仁，无糖子、无杂质，口味香甜滋润，有桃仁清香味，深受老百姓喜欢。

四、风味特色

云片糕不仅厚薄一致，而且图案美观。桃片中间缀以核桃粒，疏影横斜，暗香浮动，美轮美奂。它形状同牌，色泽若玉，片薄像纸，柔韧如带，散开似扇，质地高华，肥润绵软，芳沁肺腑，甚是惹人喜爱。撕一片送入口中，香甜软润，齿颊生津，回味无穷。

知识链接

合川桃片：合川桃片是一种由糯米、核桃、面粉、白糖等制成的片状糕点，其形为薄片，色泽洁白，散如展卷，卷裹不断，点火即燃，入口化渣，软糯滋润，细腻香甜，兼核桃、玫瑰清香，清新爽口。合川桃片所用糯米、白砂糖、核桃仁等均选上等优质原料，选料过程严格，制作工艺独特，经选料、捂料、炒米等近20道工序，每道工序皆精细考究。

合川桃片选用上等大糯米，筛掉杂质和碎米，热水淘洗并滤干，加盖捂20min，开待用。将捂好的糯米，以油制过的河砂拌炒，火势要旺，要求炒至糯米“跑面”时，快铲起锅，用箩筛去砂子，磨成细粉，置于凉席上摊开，晾置三天以上，吸水回潮，直到手捏粉子成团。

回粉是制作合川桃片的重要工序之一，采用自然吸潮方式，即将磨制出的糯米分散铺于干净的竹篾席上，竹篾席铺在湿度适宜的房间地面上，目的是让糯米粉表面均匀吸湿产生黏结性较淀粉强的糖类，增加糕粉的绵软和黏性。这种糖分是微量的而且是自然产生的，它的生产与环境温度、湿度和微生物种类有关。实际生产经验和科学研究结果证明，只有在气温在10～20℃，相对湿度在75%～85%，回粉的质量才能疏松绵软，制成的桃片才具有色泽洁白、散如展卷、卷裹不断、点火即燃、细腻化渣的特点。过高过低的温度和温度均无法保证桃片的优质品质。合川独特的三江交汇地理特征，赋予合川温暖湿润的气候，从而为合川常年生产优质桃片提供了保证，所以，合川桃片制出的糕粉即能成团，又不板结成块。

任务七　宣恩伍家台贡茶制作技艺

一、非遗美食欣赏

在一千多年前，唐朝陆羽著《茶经》，就写到巴山宣恩伍家台的茶。“茶者，南方之嘉木也”“一尺、二尺乃至数十尺，其巴山、峡川，有两人合报者，伐而掇之”，这标志着早在唐朝，茶圣陆羽就开始关注宣恩伍家台这块茶叶圣地了，从而宣恩的茶树进入了世界级茶文化书籍。宣恩现代“茶树王”“湛家古茶树”“宣苔27号”母树均出自伍家台，都验证了《茶经》描述茶的嘉木原始状态，显示了宣恩伍家台茶史的悠久。

伍家台是一个地名，是位于湖北省宣恩县万寨乡南端的一个行政村，此地人氏伍昌臣是伍家台贡茶的创始人。当初，伍昌臣家境贫寒，想以经济作物养家，在屋边开垦土地时，发现有几十棵野生茶苗，昌臣如获至宝，将这些野生茶园培育起来，以后便成了茶园。此茶非同一般，独具特色，味甘，汤色清绿明亮，似熟板栗香。泡头杯水，汤清色绿，甘醇初露；二杯水，汤色浑绿中透淡黄，熟栗香郁；三杯水，汤碧泛青，芳香横溢。此茶若密封在坛子里，第二年饮用，其色、香、味、形不变，并有新茶之特色，故有“甲子翠绿留乙丑，贡茶一杯香满堂”之说。一时间，远近驰名，官吏豪绅争相求购。

乾隆四十九年（1784年），乾隆得到宣恩伍家台茶农伍昌臣献得茶叶，“碧翠争毫，献宫廷御案，赞不绝口而得宠”，赐皇匾“皇恩宠赐”一块，此匾现存在恩施州文化馆，这也是湖北省唯一的一块由皇帝为茶叶赐的匾额。此后，凡是官员到此匾前，文官下轿、武官下马，“伍家台贡茶”因此而名扬天下。

伍家台贡茶条索紧细圆滑，挺直如松针；色泽苍翠润绿，外形白毫显露，完整匀净，茶汤嫩绿明亮，清香味爽，滋味鲜醇，叶底嫩绿匀整。

伍家台绿茶：味甘，汤色清绿明亮，清香悠长，似熟板栗香。泡头杯水，汤清色绿，甘醇初露；二杯水，汤色绿中透淡黄，熟栗香郁；三杯水，汤碧泛青。

伍家台工夫红茶：红汤红叶、条索紧细匀直，叶色润泽，毫尖金黄，内质香气高锐持久，滋叶鲜醇，汤色红亮，叶底红明。

伍家台贡芽：外形条索紧细，色泽翠绿，完整匀净；香气清香高长，茶汤嫩绿明亮，滋味鲜醇，叶底嫩绿明亮。

伍家台栗绿（烘青、炒青）：外形条索紧结，色泽绿润，完整，匀净；香气栗香较高长，汤色绿明，滋味浓醇；叶底绿明。

二、制作方法

1. 鲜叶摊放。鲜叶进厂验级后分别薄摊于干净的篾垫上，摊叶厚度不超过5cm，根据各类茶加工原料要求而定，摊放时间为5~8h，每2~3h要轻轻翻叶1次，摊放程度至芽含水量达70%~75%。

2. 手工杀青。用斜锅或电炒锅杀青，投叶时锅的温度控制在160~170℃，每锅投叶量200~250g。鲜叶下锅后，抛炒炒至热气上升时采用抖闷结合的手法，多抖少闷。当叶质含水量50%~60%时起锅，及时将杀青叶抖散冷却。

3. 手揉。双手握叶成团，顺时针方向旋转团揉，先轻后重，揉至叶卷成条。

4. 初干。揉捻叶在茶叶烘干机械上进行初干，直至初干叶含水量45%~55%，摊凉回潮。

5. 做形。可用手工或机器做形。手工做形：整形温度90~170℃，时间15~30min；机械做形：温度为120~150℃，每槽投叶量适宜，做形时间20min左右，在做形后期将做形叶在做形台上进行加工做形，或做形结束后进行手工夹条，利用理条搓条的手法进一步理直茶叶，固定形状，确保做形叶含水量约15%，做形完成后，迅速用方筛除去茶末。

6. 干燥。干燥温度80~100℃，直至茶叶含水量6%~7%。出机后摊凉回潮至茶叶中水分分布均匀。

7. 增香。温度100~110℃，时间为10~20min，或者温度100~120℃，时间5~15min。

三、注意事项

1. 头杯茶。由于伍家台贡茶在栽培与加工过程中或多或少会受到农药等有害物的污染，茶叶表面有一定的残留，所以头杯茶有过滤作用应弃之不喝。

2. 空腹喝茶。空腹喝茶可稀释胃液，降低人体消化功能，致使茶叶中不良成分大量入血，引发头晕、心慌、手脚无力等症状。

3. 发烧喝茶。茶中含有茶碱，有升高体温的作用，发烧病人喝茶无疑是“火上浇油”。

四、风味特色

味甘，汤色清绿明亮，似熟板栗香。泡头杯水，汤清色绿，甘醇初露；二杯水，汤色浑绿中透淡黄，熟栗香郁；三杯水，汤碧泛青，芳香横溢。此茶若密封在坛子里，第二年饮用，其色、香、味、形不变，并有新茶之特色，故有“甲子翠绿留乙丑，贡茶一杯香满堂”之说。

知识链接

如果说到与茶搭配的食物，那就不能不说到点心。中国各地都有特色点心，其中尤以广东点心著名。粤式早餐喝茶吃点心，茶点隆重得一点不亚于正餐。“点心”这个词语，原意是饿时略为进食。现在的点心，大部分是经古时的小吃不断改进、演变而来，不过当时的名称与现代不同罢了。现在的小笼包、饺子、甜点、糕饼、小菜等都属点心范畴，茶点只是其中适合饮茶时食用的一部分。

一般说来，清淡的甜点适合与绿茶、白茶等不发酵或轻发酵茶搭配；蛋挞、西式点心、蛋糕等适合与红茶搭配；清淡的叉烧包、虾饺等适合与乌龙茶相配。用烤、蒸、炸等方法制作的点心，只要甜度合适，不油腻，软硬适中，都可以作为饮茶时的茶点。外国的小糕点中小巧、干燥、清淡的，也适合用来与茶配食。日本或韩国的点心多较清淡，米花糖、落雁（一种用糯米、面粉、糖制的点心）甜度很适宜与绿茶搭配。稍甜一点的点心则适合与红茶搭配。用面粉、澄粉和肉或虾制成的粤式茶点，是茶餐厅里必备的茶点，通常和普洱茶或乌龙茶一起享用。

任务八　宣恩火腿制作技艺

一、非遗美食欣赏

说起宣恩的火腿，当地人都十分骄傲。这状似琵琶的熏制肉腿不仅是萦绕在舌尖的美味，更是驻扎在他们心头的自豪。宣恩火腿与浙江金华火腿、江苏如皋火腿、云南宣威火腿并称为“中国四大名腿”。其生产加工历史悠久，源远流长。据清同治二年《宣恩县志》记载，“婚礼始以酒脯香烛求取草八字谓之落”，脯就是指肉干、肉脯、肘子等熏腊肉制品，这便是宣恩火腿的前身。20世纪80年代，宣恩火腿加工技艺逐渐完善，在全国火腿质量评比中名列第四，专家评定为皮色黄亮、咸度适中，肥不腻、瘦不柴，兼有“金华”“如皋”二者之风味。

宣恩火腿加工方式经过了历史与时间的沉淀，最终形成了现在独有的加工技法。从选材上来说，宣恩火腿使用的是当地土生土长的黑猪肉为原材料，从源头上保证火腿的品质。整个腌制过程相当漫长，需要经过8个月以上的时间，从立冬开始，一直持续到第二年的三伏天，过程中需要妥善保存以防止火腿变质。经过了八个月的漫长腌制，每一根宣恩火腿都是经过时间沉淀下来的匠心之作。如今，在这个注重产量的年代里，能品尝到这样的精品实属难得。

二、制作方法

1. 主辅料：鲜猪腿、食盐、八角、茴香、香叶等。

2. 选腿。选用皮薄腿细、瘦多肥少、腿心丰满、毛血去尽、无伤残的新鲜猪后腿。腌制操作必须在立冬后开始，立春前结束。

3. 修胚。要求刀工整齐，刮去鲜腿皮面的残毛、污物，勾去马蹄壳，除去尾巴骨，割除多余肥膘和肉面油膜，除去血管中淤血。做到肉不脱皮，骨不裂缝，最后修成“竹叶形”或“琵琶形”，每只毛胚重4.5～7.5kg。

4. 腌制。采用上盐码堆干腌，食盐要先与八角、茴香、香叶等香料炒香。第1次用盐量为每5kg鲜腿用盐70~80g；第2次用盐在第一次用盐后24～30h进行，用盐量为每5kg鲜腿用盐140~150g；第3次用盐在第2次用盐后的第5天进行，用盐量为每5kg鲜腿用盐70~80g；第4次用盐在第3次用盐后的第6天进行，用盐量为每5kg鲜腿用盐45~55g；第5次用盐在第4次用盐后的第7天进行，用盐量为每5kg鲜腿用盐20~30g；第6次用盐在第5次用盐后的第7天进行，用盐量为每5kg鲜腿用盐20~30g。总用盐量每5kg鲜腿不超过400g。

5. 洗晒。将腌好的腿浸泡，肉面向下，层层堆放，不露出水面。12h后顺肉纹轻轻洗刷，再用温水将腐质洗干净，刮去残余足毛及蹄间细毛，直到洗到腿身完全清洁为止。

（1）浸腿：放入清水中浸泡10~12h。

（2）晒腿：干燥至表面无游离水。

6. 整形。将洗净的腿上架晾干，然后矫直腿骨，捏弯腿爪，并使火腿尖头与腿爪对正。修整成为“竹叶形”。

7. 烘腿。用文火慢烘7～8d，干燥后入库发酵。

8. 上架发酵。发酵时间为6～7个月，至肉面逐渐长满绿色或黄绿色相间的霉菌。长霉情况以绿霉最好，灰霉次之，发现白、黄、黑霉要刮掉。经6个月充分发酵的火腿才具有独特的香味、鲜味，所以发酵也称为“鲜化”，是肉中的蛋白质在酶的作用下缓慢分解，生成多种具有芳香、鲜美物质的结果。

9. 落架堆叠。堆叠厚度不超过12层。

10. 洗霉。将霉全部刷去，晾干水分。整形的火腿干燥后又会出现腿身干缩，腿骨外露的现象，因此，必须再一次修整削平，将高低不平的肉和表皮修割整齐，最后将火腿修割成美观的“竹叶形”或“琵琶形”。

三、注意事项

1. 经过第一道海选的猪后腿肉，必须趁着立春到来前完成腌制。这时宣恩的平均温度是7~10℃，是腌制的最佳温度。在27天的时间里它们将先后用盐7次，每次上盐的时间和分量都十分考究，既不能破坏味道的形成，更要保证肉的品质。此时，鲜肉在盐粒和气温的作用下，开始慢慢褪下鲜红，变为暗淡的粉色，肉质也随之愈加紧实起来。

2. 腌制好的肉腿要在清水里洗净盐渍，挂在室外自然风干。宣恩气候温和、夏无酷暑、冬少严寒，晾晒时，工人会用绳子将猪蹄处捆紧，同时经历数次整形，使其更圆润。

3. 晾干后，肉腿将进入熏烤房，上架进行发酵。鲜腿初进熏烤房，首先要被麦壳燃烧的烟雾裹挟，然后随着室内温度的增高渐变成油黄色。此时，温度不宜再高，控制在35℃以下，室内保持干燥通风，上架的肉腿在此安静贮藏，只需用时间去等待美味的诞生。

4. 到了梅雨季节，雨季温和的天气和湿润的气候成就了火腿发酵的天然环境，火腿迎来了最具戏剧化的时刻，它的身上长出一层绿霉，火腿的馥郁香气便在这个阶段形成。通过对颜色、形状和气味的判断，发酵好的火腿变得像沉淀了风霜的琵琶，通体呈现嫣红色，自带肉香。

四、风味特色

整腿形似“竹叶”，爪小骨细；分割腿为块状。火腿肉质细嫩，皮色黄亮，瘦肉红似玫瑰，脂白有光泽，气味鲜香，滋味浓郁。在宣恩，不少夫妻成婚前，男方去女方家拜年时，都少不了提一只火腿，既给对方送去一道珍馐，又用火腿的难得显示了自己的诚意。每每准丈母娘看到小伙子带火腿上门时，便知晓小伙子的心意，乐呵呵收下。这是火腿从饱腹到慰情的一次过渡，足以说明，火腿之于宣恩人的重要性。

知识链接

中国火腿种类很多，大致分为三大类：长江以南地区的南腿，长江以北地区的北腿，以及云贵川地区的云腿。

以火腿产地分类包括：浙江省的金华火腿；江西省安福县的安福火腿；江苏省如皋市的如皋火腿；云南省宣威市的宣威火腿，鹤庆县的鹤庆圆腿；四川省冕宁县的冕宁火腿，达县地区的达县火腿；湖北省恩施火腿；贵州省威宁地区的威宁火腿等。

以火腿成品的外形分类包括：竹叶形的竹叶腿，琵琶形的琵琶腿，圆形的圆腿，方盘形的盘腿。

以加工腌制时的季节分类包括：腌制于初冬的早冬腿，腌制于隆冬季节的正冬腿，腌制于立春以后的早春腿，腌制于春分以后的晚春腿，其中以正冬腿品质为最佳。

以所选原料、所加辅料及腌制加工方法分类，有用特殊方法加工的金华火腿称特制金华蒋腿（或雪舫蒋腿）；有用白糖腌制的糖腿；有用甜酱腌制的酱腿；有用晾挂阴干方法加工的风冬腿；有以猪前腿为原料，割去肋骨，修成月圆形的圆腿；有以猪前腿修成长方形的方腿；有为淡而香，用以品茗的茶腿。

由于我国生产火腿的地方很多，加工方法也各有不同。

浙江、云南、江苏、四川、贵州、湖北、江西、安徽等省均产火腿，其中以浙江、云南、江苏几省产量为最多。

加工腌制方法主要有干腌堆叠法、干擦法和湿腌法等，不论采用何种方法，都为达到使盐分渗透、鲜腿脱水的目的。

①干腌堆叠法。此法一般是在鲜腿肉面上多次撒上盐（皮面、腿脚上不用盐），使盐慢慢渗透到鲜肉中，然后把腿平叠在“腿床”上，便于鲜腿脱水。

②干擦法。此法是把盐碾成粉末状，然后擦遍腿身。在皮面和腿爪处要用手掌使劲擦，在肉面和腿周围，五指并拢进行揉擦，使盐分渗透。

③湿腌法。此法是把鲜腿像腌菜一样腌在缸内，然后压出腿内水分。

由于各地的气候条件、生猪品种、加工方法和用料不同，所产火腿具有不同风味。其中，以金华火腿、宣威火腿、如皋火腿最受消费者欢迎。

任务九　洋芋酱制作技艺

一、非遗美食欣赏

马铃薯，在北方叫土豆，在武陵山区叫“洋芋”。据了解，利川市的洋芋酱制作技艺属于利川市级非物质文化遗产，其传承人向恩清为利川市柏杨坝镇人，其曾祖母鄢登桃以务农和制作洋芋酱为生，在传统技艺上加以创新，并将手艺传给后辈。一代传一代，传到向恩清这一辈时，洋芋酱的制作虽已臻于完美，但向恩清等人又在原有配方上结合土家特色加以调整，制作出了更符合现代人口味的原味、双椒味（山胡椒、辣椒）、腊肉味洋芋酱。2018年洋芋酱制作技艺申遗成功。向恩清等人开始正式大规模生产洋芋酱，并以“柏杨坝镇乡村音乐旅游节”“苏马荡候鸟文化艺术节”“农民丰收节”“硒博会”为契机让洋芋酱广为人知。该洋芋酱现主要销往上海、北京、江苏等地，销售商主要为特产店、商超、电商平台等。洋芋酱味道香醇，拌饭、拌面都非常好吃。

二、制作方法

1. 主辅料：洋芋、小葱、胡椒、花椒、味精、辣椒、盐、白糖、榨菜、碎花生仁、芝麻等。

2. 备料。洋芋切成厚片蒸熟，用木棰舂成泥，另外切好葱花，制备胡椒面、花椒面等。

3. 锅内放入少量油，将葱花、胡椒面、花椒面同时炒香，再放入洋芋泥，翻炒，把洋芋泥炒熟成金黄色。

4. 用一种称为“黄金叶”或“酱叶”的树枝叶覆盖，上述炒熟的洋芋泥密封3天，其间洋芋泥与酱叶之间用纱布阻隔，二者未曾接触，洋芋泥逐渐便吸收了酱叶的香。

5. 最后拌入食盐、辣椒、花椒粉、白糖等近10种酱料，晾干后热炒，加入菜籽油、榨菜、碎花生仁、芝麻等10余种佐料，便造就了这一味集麻辣、清香、开胃于一体的珍馐洋芋酱。

三、风味特色

洋芋酱独特的香辣口味回味悠长，是一种别具一格的传统食品。洋芋酱制作过程中的洋芋是没有去皮的，因而在浓香中微微带点甘涩，这也与早年物质匮乏有关吧。当前的做法保留着这一传统技艺，也是对过往艰难岁月的致敬！又因制作洋芋酱一般在端午节前后，因此制作出来的酱又叫“端午酱”。

知识链接

土豆是薯芋类蔬菜烹饪原料，茄科茄属中能形成地下块茎的栽培种，为一年生草本植物，学名马铃薯，又称山药蛋、洋芋、地蛋、荷兰薯，肥硕的地下块茎供食用。土豆起源于秘鲁和玻利维亚的安第斯山区，为印第安人由野生种驯化而成。最初在南美洲的智利南部沿海栽培，哥伦布发现美洲大陆后才陆续传到世界各地。1570年左右传入西班牙，1590年传入英格兰，大约两个世纪后传遍欧洲并成为欧洲大陆国家主要的经济作物。1621年传入北美洲，17世纪末传入印度和日本。中国在16～19世纪分别由西北和华南多种途径引入，1700年《松溪县志》已有栽培食用土豆的记载。中国东北、西北及西南高山地区粮菜兼用，华北及江淮流域则多作蔬菜应用。主产区为西南山区、西北、内蒙古和东北地区。

土豆大部分栽培种均系通过杂交育种选育而成。按皮色分为白、黄、红、紫等品种；按肉质的颜色还可分为黄肉种和白肉种；按形状分有圆形、椭圆、长筒和卵形等品种。

土豆入馔，主要用作菜肴，适用炒、烧、炖、煎、炸、煮、烩、焖、蒸等烹调方法；可加工成片、丝、丁、块、泥等形状。既可作主料，又可配荤配素，还可以作馅或制作糕点，并可用于制粉丝、酿酒等。作为素馔，最常见的主要有清炒土豆丝、香酥土豆、拔丝土豆、葱油土豆泥等。值得注意的是，土豆发芽后，其块茎内会产生茄素或龙葵素等有毒成分，食后容易引起腹胀、抽搐、恶心、头痛以及昏厥等现象，因此发芽的土豆最好不食，防止中毒。

任务十　咂酒酿造制作技艺

一、非遗美食欣赏

土家族饮酒、酿酒的悠久历史，可追溯到春秋战国时期。古《后汉书》记载："秦与巴郡国中邑人石盟，刻有秦犯夷，输黄龙一双；夷犯秦清酒一钟"。中国古代酒有清浊之分，汉邹阳《酒赋》载："清者为酒，浊者为醴；清者为圣，浊者顽"。《酒谱》载："凡酒以色清味重为圣，色如金而醇苦者为贤"。巴人能酿出当时的酒中上品——清酒，表明巴人的酿酒技艺已十分高超。《水经注·江水》云："江之左岸有巴村，村人善酿，故俗称巴乡清郡出名酒"。土家人民继承其先民巴人的饮酒习俗和酿酒技艺，并加以发扬，形成了精湛的酿酒工艺，能酿成上好的堆花酒（土家族用玉米或大米酿成浓度较高的烧酒，因烧酒倒在碗里，冲起的泡沫经久不散，土家人就把这种酒取名"堆花酒"，为酒中上品。《长乐县志·习俗》上有："邑惟包谷酒，上者谓堆花酒"），以及水酒（醪糟，也叫米酒、甜酒）、咂酒、葛根酒、配制酒、果酒等。其中咂酒是最具土家族特色、最富民族文化与民族精神的酒，是土家族酒文化的精髓。

咂酒是土家人特制的一种酒，头年九十月，将糯米、高粱、小米、小麦等煮熟，拌上曲药，存放于酿坛中，封上坛口，至次年五六月以后起用，也有的贮存数年后饮用。其浓度低、味甘甜，用竹、麦、芦管吸吮，酒液洁莹透明，可加开水复咂，直到无酒味而止。土家族古籍中记载了不同的酿造饮用咂酒的方法。《恩施县志》记载了民间的咂酒做法："俗以曲和杂粮于坛中，久之成酒，饮时开坛以沸汤，置竹管其中，曰'咂篁'；先以一人吸'咂篁'，曰'开坛'，然后彼此轮吸"。同治五年《来凤县志》记载："九、十月间，煮高粱酿酒中，至次年五六月灌以水，瓮中插竹管、次第传吸，谓之咂酒"。同治《咸丰县志》记载："乡俗以冬初，煮高粱酿瓮中，次年夏，灌以热水，插竹管于瓮口，客到分吸之曰咂酒"。光绪《长乐县志》记载："其酿法于腊月取稻谷、苞谷并各种谷配合均匀，照寻常酿酒法酿之。酿成携烧酒数斤置大瓮内封紧，于来年暑月开瓮取糟，置壶中冲以白沸汤，用细杆吸之，味甚醇厚，可以解暑”。《石柱直隶厅志》记载：“咂酒，贮糟注水成酒，插竹筒糟中，轻吸之”。可见在武陵山区喝咂酒历史悠久。

二、制作方法

1. 主辅料：糯米、酒曲。

2. 糯米若干，浸泡5小时，把水滤去，把浸泡后的糯米倒入饭甑。

3. 把饭甑盖好，放到大镬中，大镬底部放水，镬底生火蒸3个小时，直至米变成软熟的饭粒。

4. 把蒸好的饭粒扒松，倒进非常干净的大水缸，加入适量酒饼发酵剂，不同酒药可酿出不同的酒。

5. 把酒缸盖好，冬天等6～8d，夏天等3～4d，香醇的米酒就出来了。

三、风味特色

土家族咂酒的制作技艺属于原生态的民族民间的酿酒技艺，随着生活现代化进程的推进，这一民间传统酿酒技艺在一些土家族山寨还在传承，如川东地区、石柱、恩施州等地，但是总体上处于濒临失传的状态。咂酒的饮用礼仪及消费习俗是土家族长期以来形成的具有民族认同、文化认同和共识的一种表现形式，具有民族凝聚力和向心力。对咂酒的酿造技艺应进行挖掘、整理、恢复、保护和传承。

土家族既是一个古老的山地民族，也是一个沿河而居的江河民族，其个性率性豪爽、热情好客、达观随和、与人为善。通过对咂酒的制作和饮用方法的各种文献记载，就不难看出土家族人民的民族性格和讲究饮酒之道，注重饮酒之德的酒礼、饮酒方式。每有客至即用最好的食品招待客人，抱出贮存已久的咂酒，备上腊肉、鸡、鱼、蔬果作为下酒菜，尤其是土家族的腊肉很有名，是用猪肉腌制烟熏而成的，吃咂酒时一定有腊肉作下酒菜。装肉的碗叫莲花碗，带皮肥瘦相连的肉片，大小以两头盖过碗口为度，土家族人称为“过桥”。故才有土家族诗人彭淦的竹枝词：“过桥猪肉莲花碗，大妇开坛劝客尝”。土家族人民与汉族、苗族等其他民族长期以来和谐共处，饮咂酒的礼仪充分显示了该民族与他民族大团结的思想与情怀，反映了土家人团结互助、坦诚善良、豪迈乐观的人生观。

知识链接

土家摔碗酒据说是起源于周朝。按本地的说法，与土家族的英雄先人巴蔓子有关，当年巴蔓子将军因巴国内有难，去楚国搬救兵，楚国要求巴国给三座城。

楚兵解救巴国后，楚使请巴国割让城池，巴蔓子不忍割自己国家的城，遂割下自己的头换取城池，重了信誉，保了国家。“将吾头往谢之，城不可得也！”他在割头之前，喝酒后摔碎碗，再拔剑自刎。这种大仁大义之人，天下少见，后人为纪念他，摔些酒碗，学他的豪气，学他的作派，学他的舍生取义，学他的决绝笃诚。饮一碗酒，饮过之后，将碗摔碎。

吃摔碗酒讲究不多，最重要的规矩是碰碗必干，干后摔碗，摔不坏碗便罚酒再摔。这规矩极妙，仅此一条就撑起了整个酒局的气氛。无论男女老少，但凡举杯必然饮而净，然后秀碗底，再扭身抡臂摔碗，整个过程潇洒豪迈，一气呵成。碗裂声四起，不绝于耳，碎陶片飞溅，此起彼伏。

摔碗酒所摔的碗，就是当地土窑烧制的土碟子，土黄色，直径不足3cm，口沿上点釉，防划伤了嘴。酒通常也不是白酒，是土家人的米酒，度数不高。每次也不会斟满，就一二口，喝了，摔了，再斟。土家人将一杯酒分解成无数“碗”，为了烘托气氛，为多摔几个碗，为让酒馆里多有此起彼伏、噼噼啪啪的爆破声，酒没喝多少，碗摔了一地，图个热闹。巴人尊重自然，崇尚生态，喝酒用泥巴碗接地气，碗摔碎了不浪费，碗渣收集起来，用于建筑回填、栽花垫盆，或者捣碎过个几年也就成了土了。

项目四

武陵山区黔东北非遗美食

任务一　花甜粑制作技艺

一、非遗美食欣赏

思南花甜粑有一个美丽的传说：乌江边出了一个土家贵人，到京城做了大官。后来贵人老了，梦里也思念着家乡。乡亲们见他做了大官也不忘故土，便打算派人给他送去故乡的山水、花木，也送去树林中活蹦乱跳的山羊、野兔，但是此想法无法实现。正在众人犯愁的时候，一个18岁的土家妹子想出了个主意：用一升白米做成甜粑，再让文人学士在甜粑上画上故乡山水，既能吃也能看，岂不两全其美。于是经过煞费苦心地制作，甜粑上就有了山水花木、飞禽走兽，送给了那大官，他见了十分喜欢。从这一传说中，我们可以看到思南花甜粑最初表达的是对故乡亲人的思念，在花甜粑发展的过程中，其文化内涵不断扩展和延伸。

土家族在漫长的历史发展过程中，外来文化缓慢地渗透到土家文化中，其民间文化的信仰也受到其他文化的影响。思南土家族花甜粑是在吸收了其他民族饮食文化的优点后形成的本土固定的饮食品种。作为一种文化的表现形式，思南土家族花甜粑所折射出的文化内涵反映了一种祈福意愿。他们在制作花甜粑时最初是满足食的需要，是物质层面的。制作的花样如汉字“吉祥平安”等，表达了他们渴望安定祥和的生活状态。制作花鸟树等花样时，表现了土家族人民渴望自然和谐的精神，体现了土家族人民的生活观念和价值取向，表达了土家族人民的祈福意愿。

在长辈寿辰的时候，思南土家族都要制作花甜粑，而且有祝愿长辈健康长寿的话语。在花甜粑制作完成后，要先祭奠先人，感谢先人的养育之恩。在祭祀活动中，花甜粑已成了一种必不可少的祭品，表达了对先人的追思，体现出一种朴素的生命伦理价值观念。

如今花甜粑已纳入铜仁市市级非物质文化遗产名录。在现代语境下解读思南花甜粑里面蕴含的文化内涵利于发扬优秀的民俗和历史价值。花甜粑在做字时并不是所有的字都从头到尾两头露出来，而是有的字露，有的字不露，有的字露正面，有的字露反面，总之，字在花甜粑里被分成了四种露法。例如福禄寿喜四个字中，“福”字就两头都不露出字，需要切开花甜粑时才知道有“福”；“禄”字就只露字的反面而不露正面；“寿”字就露正面而不露反面；“喜”字则两头都露。这些不同的“露法”有各自不同的深刻含义，是思南人生活智慧的结晶。

二、制作方法

1. 主辅料：糯米、粳米、面粉、食用色素。

2. 先要选择上等的糯米和粳米按照2∶1的比例混合，然后淘去米糠浸泡，待米浸透发泡时再磨成细粉。

3. 将磨成的细粉取四分之一煮成熟浆（当地人叫打浆子），与干面糅合成团。再将面团分成若干，擀成薄片，每片涂上食红或其他颜色食用色素，根据自己所做花样的需要，以三层、四层、五层不等重叠，将叠好的面片卷成圆条挞合。

4. 再用一条预制好的薄竹片，在圆条的周围向内压数条细槽，再将细槽用少许水抹湿挞合，再用一层涂色面片，包在挞合的圆条上，再挞合。

5. 最后把挞合的圆条切开，便能清晰地看见所做的花样。挞合花甜粑是一件十分辛苦的事情，一般由家中的成年男子完成，需消耗很多力气，否则做出来的花甜粑里面的花样容易变形或者无法形成花样。

6. 花甜粑花样很多，有自然景物中的花、鸟、鱼，有汉字中的福禄寿喜、天作之合等吉祥文字。做好各色花样的花甜粑还有最后一道蒸熟工序。将做好的花甜粑放在一个编好的竹蒸笼里，一般用大火蒸三炷香的时间（大约三小时），即可出笼。

三、注意事项

1. 挞合花甜粑一定要结实，不然做不成好看的纹路或文字。

2. 花甜粑便于储存。待蒸熟的花甜粑凉透后放在水缸里用清水浸泡，可以吃到第二年的农忙季节。其吃法多样，将花甜粑切成薄片，可用甜米酒煮食，也可放在油锅里烙吃，还可以放在火炉上烤吃。无论哪种吃法味道都很爽口，而更让人称绝的是切成薄片的花甜粑，花的颜色和式样都不会改变。

四、风味特色

思南土家族花甜粑上面制作的各种花、鸟、鱼等图案是一种图腾标志。土家人认为世界上所有的事物都是有生命的，花草树木鸟兽虫鱼也不例外，它们都有灵魂，具有一种神性，可以成为他们生活的庇护。因此对待它们始终有着一种敬畏和尊重。这反映了思南土家族人民“万物有灵”的原始图腾和泛神崇拜意识。思南的众多美食中，色、香、味俱全的花甜粑最为独特，其片片如一的花卉图案每每令外地游客惊讶，而在品尝之后，对它香糯绵滑的口感更是赞赏有加。

知识链接

思南花灯戏

思南花灯戏是列入国家级非物质文化遗产名录的戏曲。思南土家花灯内容丰富，程式庞杂，有传统的正灯，如“盘灯”“开财”“万事兴”“说春”“说十二花园妹妹”“上香”“打梁山”“拜闹子”等20多种。内容多反映土家人喜庆吉祥、欢度新春、借古喻今、勤劳致富、吟花咏草、寄物抒情托志等。

花灯戏是贵州和云南的主要地方剧种，因地域文化的区别形成了不同的风格特色。贵州花灯戏是清末民初在当地民间歌舞基础上发展起来的。起初花灯叫采花灯，只有歌舞，后在歌舞中加入小戏，再以后受外来戏曲影响发展为花灯戏。贵州花灯戏主要流行于独山、遵义、毕节、安顺、铜仁等地，各地有不同的称谓。黔北、黔西一带叫“灯夹戏”，独山一带叫“台灯”，思南、印江等地叫“高台戏”或“花灯戏”。

任务二　绵菜粑制作技艺

一、非遗美食欣赏

贵州山奇、水清、洞特、民族多，旅游资源十分丰富。绵菜粑是地处国家级风景区梵净山附近的土家族、苗族、侗族三地区和南州、湘西等地的最典型的名小吃之一。尤其是在端午节、中秋节和重阳节，绵菜粑是这些地区家家户户用来款待亲朋好友的必备食品，也是走亲访友常带的馈赠礼品。

《诗经》中记载“呦呦鹿鸣，食野之苹”。李时珍《本草纲目》中注：“苹即陆生皤蒿，俗呼艾蒿是矣。”铜仁城乡很早以前便有用白蒿制作绵菜粑的传统，尤以清明、端午、中秋、重阳节最为普遍。19世纪30年代，铜仁江宗门内有一老妇专门做绵菜粑，沿街叫卖，之后常有农村妇女上街售卖，颇受消费者欢迎。目前，铜仁城区售卖绵菜粑的摊点有数十处，曾多次获“贵州省名点名吃”称号。

二、制作方法

1. 主辅料：糯米、籼米、绵菜、盐、白糖、芝麻、猪油、花生碎、桃仁、桂圆等。

2. 将糯米、籼米分别清洗后用温水浸泡2～4h（糯米2h，籼米4h），捞起混合后滤干，置石碓窝中舂成米粉，然后过筛得细粉待用。

3. 绵菜清洗去杂质，入沸水锅煮约半小时捞出，用清水冷却并沥干水分，切成细末，再入锅煮沸，加入三分之一的米粉翻铲拌匀，打成茨状，然后铲入其余米粉，慢慢滚粉揉搓成面团，而后分成120～150g重的剂子。

4. 用白糖、芝麻、猪油、花生碎、桃仁、桂圆等炒制白糖馅。或可以另用净锅置中火上加热，下肉末、酸辣椒、盐菜末、豆腐、精盐、味精等炒制成肉馅；绿豆煮烂后压泥，与煮熟切末的腊肉，用猪油、白糖合炒与之制成腊肉豆沙馅。

5. 将剂子捏圆压扁，包入各式馅，外包一层高粱叶（或桐子叶、苞谷叶、芭蕉叶），上笼蒸约1h即可。

三、注意事项

1. 糯米与籼米质地不同，需分开浸泡，糯米为2h，籼米4h。

2. 舂米粉时需分次筛细粉，可用机器加工，用时过筛。

3. 白蒿味带苦涩，需作去苦处理，方法是经烫煮后多漂洗几次。

4. 先用1/3的米粉打成熟粉，再与其余生粉调和，揉搓成团，这种作法可使粉团软硬适度，如果全用生粉制团，质地过硬，用全熟粉制团则过软。

四、风味特色

质感绵软柔糯，具白蒿、桐子叶、高粱叶特有的芳香；馅各具风味，肉馅鲜美可口，腊肉馅味厚醇浓，豆沙馅细腻甜香，白糖馅甜味厚重。

知识链接

鼠曲草也叫清明菜、小火草、绵菜。鼠曲草性平、味甘、无毒，有降血压、祛风湿、止咳平喘等功用。可谓营养丰富、味道鲜美、食疗兼优。可采集嫩叶用沸水焯熟并浸洗干净后，加入油盐调拌食用。也可以剁碎后与米或面拌在一起蒸食。

鼠曲草饼：选取幼嫩新鲜未开花的鼠曲草，洗干净。然后开水烫熟后捞起，用重物压出苦水，捣碎成汁。把粳米洗干净后磨成米浆，与鼠曲草汁以5:1的比例混合，加入少许盐或者白糖（也可以加点葱段），搅拌均匀后密封1h。油温微热后，舀一勺鼠曲草浆在锅中，等待成型后可以摇晃锅，让饼受热均匀。可以适当添加油，让饼的两面煎至金黄即可。

任务三　酸汤鱼制作技艺

一、非遗美食欣赏

酸汤鱼是贵州人的最爱，更是贵州菜中的“顶梁柱”。有人说：到贵州，不能不吃酸汤鱼，那酸酸的感觉，吃过以后胃口大开，食欲猛增。

做酸汤鱼，厨师都会提到酸汤。酸汤很原始，在湘黔边界，苗族、侗族人家都会做。最初的酸汤用尾酒（即米酒糟）调制，后改米汤发酵制作，也有用糟辣椒与番茄、白醋、柠檬酸等做酸汤的。但是，生活在湘黔边界的苗族、侗族人家，还是采用最原始的米汤发酵来做白酸汤。

苗族先民创造了稻田养鱼，也创造了美味佳肴酸汤鱼。这是苗族世代积累的经验，是苗族人民的集体智慧。苗家人自古以来就知道用酸汤煮鱼，在苗寨里，没有谁不用酸汤煮鱼的。苗家酸汤鱼经过数千年的实践与创造，形成了一整套特殊的传统技艺，制作和烹饪工艺都十分讲究。苗家酸汤鱼蛋白质含量高，营养丰富，能促进消化，消除疲劳，增加食欲，且能解酒，还能驱寒去湿，提高人体免疫力等。

苗家的酸汤鱼与苗族人民的生活休戚相关。苗族各种祭祀活动都少不了酸汤鱼。凯里舟溪地区苗族每年的“吃新节”，祭祀祖宗的祭品是：12碗新米饭和12尾在酸汤里煮熟的鲤鱼；12年一次的鼓藏节，客人的礼挑中，必有一串鲤鱼；过苗年的“年晚饭”祭祖供品就是酸汤煮的鲤鱼；农历二月二的苗族祭桥节，必须用酸汤煮的鲤鱼主祭；祭山神、枫木、石神，都会用酸汤煮的鲤鱼。

服饰研究专家们一致认定，苗族服饰是其历史记忆的载体，是穿在身上的历史。鱼纹是苗族服饰中最常见的纹饰，是构成苗族服饰文化的重要内容。在苗族观念中，鱼是繁殖的象征，是生命力的象征。那么，酸汤鱼这一农耕文明敬献给后人的美味佳肴，已然在苗家的锅里经历了漫长的岁月，在火里烤过，在石锅里煮过，在陶罐里煮过，今天则是煮在铁锅里的。

贵州酸汤种类甚多，以质量清澈度分为高酸汤、上酸汤、二酸汤、清酸汤、浓酸汤等；以味道分为咸酸汤、辣酸汤、麻辣酸汤、鲜酸汤、涩酸汤等；以原料分为鸡酸汤、鱼酸汤、虾酸汤、肉酸汤、蛋酸汤、豆腐酸汤、毛辣果酸汤、菜酸汤等；以民族分为苗族酸、侗族酸、水族酸、布依族酸等。苗族酸汤最为有名，以鱼酸汤、毛辣果酸汤、菜酸汤、辣酸汤最为常见。

二、制作方法

用酸汤烹制稻花鱼，是土家族、苗族人民的最爱。传统酸汤鱼的做法如下。

1. 主辅料：稻花鱼、酸汤、广菜、豆芽、白菜、香油、辣椒油、醋、胡椒粉、鸡精、葱、姜、蒜、香菜、色拉油适量。

2. 先将稻花鱼静放在清水缸中几个小时，让鱼把腹中的泥土吐尽。

3. 去掉鱼鳞，从中间把鱼片成2片，再切成2cm宽的鱼条，用葱、姜、料酒、盐码味。

4. 做好准备工作后，热锅凉油，加入葱、姜、蒜等炒制底料，然后从坛子里舀出一定量的酸汤放入锅内煮开，此时便将鱼放入滚烫的酸汤中，让酸汤浸没鱼条，使其充分入味。

5. 待鱼快煮熟时，放入事先准备好的各种时令蔬菜，例如广菜、豆芽、白菜等。再煮几分钟后，用香油、辣椒油、醋、胡椒粉放入调味，待将出锅时放入香菜、木姜子、小葱等佐料放入其中便可食用，其汤鲜肉嫩，味道香美。

三、注意事项

1. 做酸汤需要特定的环境，首先对温度的要求非常高，一般要保持在25～30℃之间，对湿度则没有太严格的要求。如果温度过高，那么酸汤中的酵母菌会因发酵过快，产生酸败味道，使酸汤变浑浊；如果温度过低，则不易发酵。

2. 一般发酵时间为三天，时间不足，酸汤的酸度就会不够。酸汤发酵的关键是酵母菌，在酿制的全程中都不能碰油、碱、盐这三样，否则发酵过度，直接毁掉酸汤的味道。自酿的酸汤以浓稠度来评定品质的好坏，如果汤的浓度太低，说明发酵不充分，口味也不好，如果过稠，酸度也会过重。很多酒店为了省事，酸汤不够用的时候，就会拿清汤或米汤兑点酸汤，加白醋或是柠檬酸，增加浓度或酸味，这种方法都是不正确的，影响酸汤口味。

四、风味特色

吃酸汤鱼有三种方法，第一种是蘸食，用煳辣椒面、精盐、木姜花末、葱花、蒜泥等调为蘸汁，蘸食鲜鱼，鱼肉鲜香，汤汁酸鲜，蘸汁煳辣香味浓郁。第二种是拌食，把鱼夹进菜钵，剔去鱼刺，把煳辣椒面、精盐、葱花、蒜泥、番茄调匀，倒入鱼肉拌匀后食用，鱼肉鲜香细嫩，煳辣香味浓郁。第三种是麻辣凉拌，雷山县苗家酸汤鱼又名凉拌麻辣鱼，用白菜、青菜等鲜菜合煮于酸汤中，水沸即可食用，鱼肉清香细嫩，辣味浓郁。

知识链接

毛辣酸是贵州都匀苗区喜欢制作和食用的美食调味品，在都匀苗家吃火锅必须放酸糟辣或毛辣酸。制作毛辣酸最佳季节是每年的九十月间。原料是山毛辣子和野生毛辣果。选用肉质厚实、辣味适宜的新鲜红辣椒和山上野生的毛辣果洗净去蒂、晾干水分，加上新鲜生姜、大蒜（去皮）、仔姜放入木盆（木桶）中，用特制的宰刀宰碎，制作全过程中不得沾一点油；辣椒、生姜、仔姜、大蒜在使用前水分要晾干；制好后装入土坛中，坛边加水密封存放，不得漏气。在食用过程中也必须注意卫生，取用要用专用的木勺子，不能沾水和油，这样才能长久存放不“生花”（一般都是上年制好，食用至第二年再制，接着食用中间不间断）。制作时最好加入少量白酒和10%左右的食盐拌匀，如喜爱食酸就减少食盐的用量。

任务四　土家油粑粑制作技艺

一、非遗美食欣赏

油粑粑是土家族小吃，也叫油城、油香、饵糕，是渝黔、渝东南湘西土家人特产，是“土家汉堡包”。将大米与大豆类配比合适，加水打成浆，倒入模具容器再放入秘制的包心，用菜籽油炸制而成的一种食品，是土家族逢年过节制作的食品，口感，色泽，味道别具一格。食用时，可现炸现吃，其味香辣脆软，亦可放入锅中煮软了吃，或用热料汤泡了吃。在土家族人家庭里，几乎户户都会炸油粑粑。炸油粑粑工序相对简单，也很符合土家族人口味，且油粑粑呈圆形，象征“圆满”；色泽金黄，象征“富贵”，所以油粑粑既是土家族人逢年过节敬神赠友最受青睐的食品之一，也是城乡各墟场最普遍最有民族特色的风味小吃。每到赶场的时候，小朋友们跟着大人走十几里山路，就是为了几个油粑粑。特别是长期在外地的土家族人，时常思念这种久违的家乡味道。

土家油粑粑最早是作干粮食用的，相传明万历四十七年，土司夫人白再香带着5000名士兵援辽抗金。新年出征，土家苗族家家炸圆圆的香香的油粑粑相送，饼圆清香，士兵路上当干粮，因此这油粑粑还有深刻的寓意，象征圆圆满满，载誉而归。

二、制作方法

1. 主辅料：粳米、黄豆、猪肉末、渣海椒、葱、蒜、菜籽油、酱油、盐等。

2. 将粳米、黄豆泡涨，按照粳米与黄豆5：1配比，放到石磨中磨成浆液，黄豆一定要加够，加不够的话，炸出的油粑粑口感硬。磨浆最好是用石磨，用电磨加工的浆子没石磨磨得细腻。

3. 磨好一盆浆子，还需要准备一盘渣海椒（红辣椒剁碎，拌以苞谷面腌制）、一盘猪肉末、一碟葱蒜、数斤菜籽油。再搬出简单的工具——小锅一口、沥油的架子一个、油香提子（铜铁皮敲制的、带一个弯钩的圆柱形模具）数个、铁夹子一个、小火炉一个。

4. 先往提子里舀底浆，再加入酱油、盐、小葱调好的肉末馅或渣海椒馅。通常，馅是鲜肉的，称之为“肉油香”；馅是渣海椒的，称之为“渣海椒油香”。然后舀盖浆，浆子不能舀得过满。

5. 接着就到了最关键的一步，把装有浆子的提子沉入五成油温油锅，慢火煎炸。油浪翻滚，热气涌冒。锅里咕嘟，热油欢笑。

6. 2min左右，浆液油炸定型，成圆饼油香，离提脱落，飘浮油面，逐渐变黄。马上又将空提再添料，轮番煎炸。同时用铁夹翻油里的粑粑，二面炸黄。最后，将煎炸好的油粑粑夹到铁丝架上滴油，冷却就可以食用了。

三、注意事项

1. 特别要注意的是，炸油粑粑最好用枯枝烧火，煤火煎炸会影响香味。
2. 根据气候冷热状况和油粑粑软硬程度，油粑粑的保质期在1～3d。

四、风味特色

油粑粑单独吃味道香脆，也可以放在骨头汤里稍稍烫一下，再用碗装起来，配上一小勺子汤料，撒上葱花吃。许多绿豆粉店都兼营油粑粑，一碗热气腾腾的绿豆粉，粉里加一个油粑粑进去，用筷子把油粑粑裹进浓香无比的绿豆粉汤中，待到稍稍软化后挑出来吃更加美味。

知识链接

济南的传统小吃油旋被收入山东省第二批非物质文化遗产名录，可见它是多么地受大家喜爱。油旋外皮酥脆，内部柔嫩，葱香扑鼻，因其形似螺旋，表面油润呈金黄色，故而得名油旋。刚出炉的油旋配一碗热气腾腾的鸡丝馄饨，是济南人心目中上好的早餐。

据说清朝时，济南郊外齐河县的徐氏三兄弟随母亲来到了南京，在那里他们跟当地人学习了油旋的制作技艺。后来徐氏三兄弟回到济南自己开店，他们根据北方人口味重的特点，将油旋的甜味改成了咸味，另外还加入了济南人嗜食的大葱，从而使油旋带有浓郁的葱香味。徐氏三兄弟做的油旋在济南一炮打响后，油旋便在济南市民当中流传开来。

任务五　务川酥食制作技艺

一、非遗美食欣赏

“当抱原来无人烟，开荒劈草是仡佬”。仡佬族世居于贵州高原，在历史的发展和演变中，创造了丰富而独特的民族文化。酥食就是其中一种具有浓郁民族文化的特色食品。每到逢年过节前夕，仡佬族家家户户擦酥食。除夕、元宵节之夜，人们提前吃完团圆饭后，摆上一大桌酥食等年货，围着火炉，吃着美食，拉拉家常，摆故事。酥食还可作为回兜兜之用（客人拜年不能空着手回）。农村每逢喜事，寨子里的人们提前准备大麻饼、擦酥食等。婚礼中，待贵客用茶席，酥食是必不可少的。老人逝世，必须用酥食祭奠先祖。酥食制作的技艺，是务川的非物质文化遗产，也是仡佬族儿女延续文脉、传承民族文化的重要方式。

酥食往往还有着各种朴实、简洁、美观、大方、寓意深刻的图案。如印有竹子的图案寓意竹报平安；印有百合花图案意为仡佬族的族花，称为“云裳仙子”；此外也还有葫芦、喜鹊、凤凰、鸳鸯等图案，用来表达长寿、喜庆、祝福等含义，生动反映了人们对美好生活的向往。

二、制作方法

酥食作为一种地道的务川民间传统小吃，它的制作技艺与配料在经历了一代一代的先民改良创新后，现如今已形成了一套成熟的制作流程。

1. 主辅料：糯米、花生、芝麻、白砂糖、蜂蜜等。

2. 面食挑选：把最优质的糯米用冷水淘洗干净，倒掉冷水用温水浸泡至糯米微软，沥干水分后放入锅内与干净的河沙同炒，用特制的罗筛把糯米与河沙分离，冷却的糯米用石磨研磨成粉，面粉越细，口感越好。面食挑选的准备工作是酥食制作里至关重要的一步，糯米的优劣影响着酥食成品的口感。

3. 准备馅料。准备自己喜欢的馅料，比如最为常见的酥麻、花生与芝麻，洗净后分别煮熟与白砂糖一起磨细备用。

4. 熬制糖汁。糖汁主要用于调味，一般是用蜂蜜与白砂糖混合，加一定量的水熬制而成，晾凉后不凝固的糖汁为上品。比例按自己口味调，单独用白砂糖甜而不香，单独用蜂蜜香而过浓。

5. 揉制面食。将磨好的面粉放入盆内，加入冷却的糖汁搅拌均匀，用力揉捏面团使面团自然成团而不散即可。揉面团是体力活，需要不断地用力揉捏并反复摔打直至成团。

6. 擦酥食。之前磨好的酥食面粉用罗筛再筛一次，在特制的印版里填上一层酥食面粉，放入馅料再敷上一层酥食面粉（多过印版）并用力压紧，用筷子刮去多余的沾在印版上的酥食面粉，再用瓷碗口来回将印版里的酥食面打磨光滑，准备好有白布覆盖的竹筛，最后用木棰等工具沿着印版两端轻轻敲打使完整的酥食脱离印版。

7. 蒸酥食。将放有酥食的竹筛放在沸水锅上蒸熟，放凉，酥食制作完成。

8. 打包封存。酥食的存放方法是将冷却后的酥食用不透气的袋子密封保存，袋子要小一些，放在干燥通风之处。

三、注意事项

1. 酥食的主要原料是优质糯米，糯米清洗干净后，倒入用柴火烧热的大铁锅内用文火炒，一次不能炒太多，否则会熟得不均匀，炒至米粒变熟、微变焦黄即可，注意不能炒糊。

2. 经过文火炒制后，用石磨推碾成面，再吸收空气中的水分回潮上1～2d的时间待用；同样用文火把芝麻和花生炒熟，用于制馅。

3. 将白糖和蜂蜜按一定比例兑水加热融化；接着把糖水和炒熟的芝麻按比例包入米面中揉，揉搓米面很关键，揉干了，做成的酥食容易散，揉稀了，则凝固不成形状，必须得干湿恰当，摸起来要有软绵绵的感觉。

四、风味特色

造型优美，寓意深远，口感绵软香甜。对于在外的务川仡佬族人来说，酥食是他们心中那抹抹不去的乡愁，无论何时谈起酥食，吃一口家乡酥食，那就是家的味道、幸福的味道。

金华酥饼色泽金黄，香脆可口，是浙江省金华著名点心。首创者竟是“混世魔王”程咬金，程咬金早年在金华卖烧饼为生。有一次，他的烧饼做得太多了，一整天也没卖完，他便将饼保存起来，准备第二天继续卖，可是，如果烧饼变坏，就不能卖了。于是，为了防止烧饼变坏，程咬金将烧饼统统放在炉边上。他想让火一个劲地烘烤着，烧饼一定坏不了。第二天，程咬金起床一看，烧饼里的肉油都给烤出来了，饼皮更加油润酥脆，全成了酥饼。这饼一上市，立刻吸引了不少人，大家见程咬金做的饼和以前大不一样，都争先恐后地品尝。程咬金很高兴，便扯着嗓子喊“快来买呀，又香又脆的酥饼”这一叫，买的人更多了。人们争夸程咬金的手艺越来越高超了。有的烧饼铺主人还煞有介事地向程咬金请教“秘方”。程咬金哈哈大笑起来，说“我哪有什么秘方呀，只不过在炉边烤一夜而已。”随后程咬金将烧饼再加以改进，制出的酥饼圆若茶杯口，形似蟹壳，面带芝麻，两面金黄，加上干菜肉馅之香，更加别有风味了。后来程咬金参加了隋末农民大起义，在瓦岗寨当上了寨主“混世魔王”，进而成了唐王朝开国元勋。他功成名就之后，仍忘不了早年的卖饼生涯，便极力推荐该小吃。金华酥饼更随首创者的名气而名扬四海。后人赞金华酥饼道“天下美食数酥饼，金华酥饼味最佳，”并非言过其实。金华酥饼携带方便，是旅行者的理想干点。据说唐代以来，金华一带的人出门经商、赴试，都携带酥饼作干粮。现在来金华的旅客，都喜欢买几筒带回去馈赠亲友，或作为途中的便餐。目前金华遍布酥饼店，制作各类酥饼，可谓应有尽有。

任务六　仡佬族“三幺台”制作技艺

一、非遗美食欣赏

仡佬族“三幺台”习俗2014年被列入国家级非物质文化遗产代表性项目名录。“三幺台”习俗，流布于黔北的正安县、道真、务川仡佬族苗族自治县的部分地区。古时，仡佬族人家嫁娶、立房、祝寿、重大民俗活动和节庆时操办宴席，都盛行“三幺台”待客，隆重而热闹。每一幺台间，伴以“吹打”（锣鼓唢呐），即每上和每撤一台席，都要吹奏一番，热闹氛围浓郁。后来，“三幺台”逐渐成为春节期间待客方式。现今，只要有贵客来到，仡佬人家都要以“三幺台”招待，表示对客人的尊重。

二、食用常识

仡佬族的“三幺台”习俗，“三”是指三台席，即茶席、酒席和饭席。“幺台”是正安、道真、务川一带地域土语，是“结束”或“完成”的意思。“三幺台”，意思是一次宴席，要经过茶席、酒席、饭席才结束，故称“三幺台”。

客人到访，要打开堂屋大门迎接。男主人招呼大家坐下，女主人准备茶水和食品，孩子就去喊左邻右舍的男主人来陪客，如果客人中有长辈就喊长辈相陪，平辈喊平辈相陪。宾主到齐后，八人一桌（也有十人一桌的），背靠香龛（俗称“香火”），面对大门为上席，左为客人席，右为主人席，下为晚辈席，座次与辈分有约定俗成的规矩，大家依次入座。辈分相同，以年长者坐上位。一般女人、小孩不上桌。待大家坐定，第一台席茶席就开始了。

三、制作方法

1. 第一台茶席，是以喝茶为主，伴以果品糕点。喝茶以大土碗盛，以解渴除乏为主。所谓“大碗喝茶，大碗喝酒”，民风如此。茶席所配果品糕点为九盘，一是瓜子，二是花生，三是板栗，四是核桃，五是“红帽子粑”，六是“美人痣泡粑”，七是百花脆皮，八是酥食，九是麻饼。茶多为土茶，土茶中以大树茶为上品（务川县大多喝素茶、土茶，道真、正安县都喝油茶），茶毕，撤去一幺台，转入二幺台。

2. 第二台为酒席，第二台酒菜大多为卤菜和凉菜，如香肠、卤猪杂、卤鸡、卤鸭、瘦腊肉、皮蛋、盐蛋、泡萝卜、泡地牯牛、花生米等，菜的内容不定，但必须是九盘。酒多是自酿的苞谷小锅酒。当地饮酒习惯，凡端杯者，一定要喝三杯，不饮酒者以茶代酒。第一杯为敬客酒，由主人发话，向每一位客人敬酒，说一些欢迎辞和谦辞，先干为敬。第二杯为祝福酒，由客人代表说一些答谢及祝福的话语，然后共同干杯。第三杯为孝敬酒，晚辈向长辈敬酒，晚辈必须等长辈喝完酒后再喝。待酒将酣，二台席结束，紧接着上第三台席。

3. 第三台为饭席，这是“三幺台”的正席，菜的碗数仍然是九碗，俗称“九大碗”。“九大碗”是“登子肉”、酥肉、肉圆子、油果豆腐、灰豆腐、扣肉、黄花菜、笋子、汤菜等。其中“登子肉”又叫“大菜”，任何时候都不能少。吃菜时，晚辈不能随意用菜，每碗菜都必须等长辈先吃后才能动筷（尤其是吃“登子肉”。“登”是古代祭祀时盛肉食的礼器，《尔雅·释器》说“瓦豆谓之登。”可见，“登子肉”的称呼是从“登”这种盛肉的祭祀礼器得来的），长辈夹菜时，要邀请大家一起用菜。吃完饭后，平端或合举筷子，示意“各位慢用”。晚辈等到长辈吃完饭，才能退席。每道菜造型非圆即方，寓团团圆圆、四季发财。

四、注意事项

1. “三幺台”，是仡佬族沿袭千年的饮食习俗，渗入了民族文明的饮食礼仪，蕴含了仡家人热情、纯朴的待客之风，品尝时要注意礼仪。

2. “三幺台”进餐时间久，需要细细品味。

五、风味特色

仡佬族的特色美食“三幺台”，合计60道菜、80个礼仪，宴饮时需要唱歌、摆碗筷。茶席、酒席、饭席，席席不同。油茶、咂酒、灰豆腐果等最富仡佬族特色的食品汇萃一桌，尤其一餐分三次的吃法独具特色，期间的细腻情感替代了少数民族原始的粗犷和豪放，也正是借助于“三幺台”这一仡家盛宴，大量的仡式菜谱得以保留传承。

知识链接

仡佬族傩戏是由傩坛法事进化发展而成的戏曲形式之一。它蕴含并表现很多巫傩的内容，既是巫傩表现其宗教内容的手段和形式，同时它又吸收和容纳了许多民间的乃至道、释的一些传说和观念，形成一种在我国东南、西南一些少数民族中所特有的民间艺术表演形式，至今仍留传于仡佬族及其他一些民族中。

仡佬族傩戏因多在堂屋内进行，又称“傩堂戏”，主要流行于贵州北部和东北部地区。相传由汉族从中原传入。民间称举行傩事称为“冲傩”。在冲傩活动过程中，因其具有一定的戏剧情节而被称为“傩戏”。跳傩的目的主要是为还愿，故又有“还傩愿”之称。用于还愿的傩，民间称为“阴戏”，用于正月初一、十五迎新春和祝寿的傩，则称为“阳戏”。傩戏表演者由端公（掌坛师）及其徒弟组成，伴奏乐器有锣、鼓、牛角，表演者须戴面具。面具多用该地所产棬木雕刻并涂以各种色彩而成，有黄飞虎、炳灵、真武祖师、雷神、华光大帝、关公、包公、土地、山王、秦童等数十面。先由掌坛师念请众神名，扮演者按所点神名戴上表示该神的面具一一入傩堂。根据法事程序分别出场表演。

在锣鼓牛角声中，有唱，有跳，有道白。收兵一场时，按掌坛师所念神名，一一取下面具放桌上，走出堂屋。在法事祈神驱鬼过程中，常加入一些娱人的有关故事情节，故事取自《山王图》《五岳图》《收蚩尤》《仙月配》等剧目。演唱阴戏，剧本多采自《三国演义》《说唐》。当傩戏于中原日渐消失后，傩戏活动却尚保存于贵州民间。

任务七　熬熬茶制作技艺

一、非遗美食欣赏

熬熬茶作为德江一种传统小吃，一般只有在逢年过节或是招待贵客时才制作食用，因用“油”和“茶”加佐料熬制而成，故人们俗称为“熬熬茶”。在德江县境内的煎茶、楠杆、平原和沙溪等乡镇，非常盛行，尤其以楠杆乡的熬熬茶最为著名。2014年，熬熬茶被列入贵州省非物质文化遗产目录。

相传楠杆曾有一株远近闻名的大茶树，已经生长了好几百年。这棵神奇的茶树，不但枝叶繁茂，而且冠盖如云。据说在茶树刚到百岁时，长势正旺，片片绿叶，闪闪发光。然而在一天中午，茶树附近天井书院处一声巨响，瞬间就是天昏地暗，雷电交加，洪水暴涨。此时一条巨龙飞过茶树的树梢，将那棵大茶树扫倒在地了。

从此以后，那棵茶树的树叶逐渐变黄，濒临死亡。此地乡亲们心急如焚，赶紧请来傩堂戏班子为茶树超度保佑。傩师设坛祭祀以后，这棵茶树竟然起死回生了。乡亲们为了表达对这棵茶树的顶礼膜拜之情，于是摘下树叶和祭祀神灵的几种食物一起熬煮，从而就做成一种混合食物“熬熬茶”了。

二、制作方法

1. 主辅料：阴米、茶叶、油渣、黄豆、花生、核桃、花椒、芝麻、糯米、鸡蛋等。

2. 阴米炒熟制成米糊，在铁网上烘烤定型，这些是米花的雏形，米花的制作过程极为繁琐，技巧和原料都很重要，小小的疏忽就不能制出一张完美的米花。做完米花雏形马上进行烘烤，不断翻换位置，调整火候以及写上文字。

3. 做完米花，接下来才是熬熬茶食材的准备，熬熬茶由茶叶、油渣、黄豆、花生、核桃、花椒、芝麻、糯米、鸡蛋等食材组成。

4. 锅里放入热猪油，打好之前准备好的鸡蛋，掺入一定量的姜粉和盐，充分融合三者的味道并且迅速调好，等到锅里的油冒出热气，发出滋滋的声响，轻轻地将鸡蛋倒入热油中铺开，形成一个金黄的大罗盘，等鸡蛋煎干煎黄以后，迅速用铲子把煎好的蛋皮捞起来并用刀切细，鸡蛋对成品有着决定性的影响，加鸡蛋和不加鸡蛋的熬熬茶是两种截然不同的味道。

5. 再次倒入现炸的猪油，把黄豆、花生、核桃粒、花椒、芝麻以及茶叶一起煎炒约两分钟，用木瓢将所有食材碾碎压细，掺水熬制，用细火慢熬，直到水烧开，这些食材在猪油中味道相互融合、渗透，挥发出饱含着茶香和其他食材混合的独特香味。待水分熬干之后，再加一次水，温火慢热至所有食材融为一体，这样一锅茶香四溢的熬熬茶就可以出锅了。

三、注意事项

1. 熬熬茶是土家人对油茶的俗称，通常用茶叶、核桃、花椒、花生、黄豆、糯米、芝麻、油渣和猪油为主要原料，再加其他佐料，先煎后煮，熬制成的一种特色小吃。

2. 熬熬茶的制作十分讲究，需要猪油放在柴火锅中融化，然后将豆子、花生、核桃等放入油锅中炒焦变黄，注意不要糊锅。

四、风味特色

熬熬茶既是楠杆独具特色的土家美食，又是楠杆土家群众款待贵客的饮食方式，展现了一种土家人的独特饮食文化。楠杆熬熬茶的产生和发展，不但演绎着动人的民间故事，而且蕴含着丰富的饮食文化，从而体现了楠杆土家人质朴勤劳的智慧结晶。

任务八　灰团粑制作技艺

一、非遗美食赏析

灰团粑主要产于湖南新晃、贵州铜仁等苗族、仡佬族聚集区。灰团粑口感柔和，软而不散，因为用草木灰代替碱，故也称灰碱粑。当地人每逢喜事，就会用灰团粑招待客人。如“春节”“三月三”“六月六”“七月十五”“吃新节”等，灰团粑是这些节日的重要食物。灰团粑在“贵州粑粑界”算得上元老级别，距今已有近900年历史，2005年被列为贵州省非物质文化保护项目。

二、制作方法

1. 主辅料：草木灰、籼米等。

2. 按照大米和草木灰各占一半的比例加水浸泡，草木灰要过滤得到细灰，不要粗的，浸泡到大米变成暗黄色就好了。

3. 大米再用水进行清洗，用磨浆机磨成浆。

4. 米浆倒入大锅中大火熬煮，然后以锅铲不断搅拌，随着浆渐渐地变干，慢慢变熟，火也要慢慢地减小，煮至八成熟就出锅。

5. 晾凉揉成拳头大的团，再将团装上甑，用大火蒸40min即成灰团粑。

三、注意事项

1. 磨灰米浆时，水要适量，水过多或过少皆影响粑团成型及其软硬度。

2. 捏制灰团粑时大小不限，可根据人口多少，以一餐能食完为宜。

3. 灰团粑不同于其他灰粑粑及年糕，必须用籼米制作，不可用糯米或粳米。

四、风味特色

灰团粑色淡黄，质韧而爽脆，软硬适中，弹性好，不粘牙，香气十足。灰团粑一般浸在水中或放入冰箱，可保存1～2个月。使用时拿来清洗就可以做成自己想要的小吃。

煮粑法：俗话说“碱粑久煮不浑汤，原汁原味好营养”，这是最常见的碱粑吃法，一般安排在红白喜事正酒宴之前作午餐，当地人把它叫作吃“油茶”。制作方法为，先将碱粑切成中指大小的长条，然后投入沸水中煮制2～3min，待粑条变软后舀入碗中，然后倒入熬好的猪骨浓汤，再配以油辣椒、花椒粉、胡椒粉、葱姜蒜等作料及各种肉臊，通常肉臊为肉丝、肉末、脆臊、软臊、辣子鸡、红烧牛肉等，值得一提的是，当地群众采用胡萝卜、糟（酸）辣椒炒瘦肉丝作臊子，能够让酸碱综合协调，味道更加爽美。

炒粑法：先将碱粑切成片状（宽2cm、长4cm、厚度约3mm），然后与糍粑辣椒或糟辣椒连同肉片一同翻炒，配以生姜、葱蒜、叶菜等食材，这种吃法的好处在于，既能让碱粑入味，也能最大限度地保存其片状形状和弹性，让食者回味无穷。

知识链接

瓮安黄粑是贵州省黔南州瓮安县的特产。瓮安黄粑是贵州的民间传统食品，有1000多年的制作历史。因此，瓮安也享有“中国黄粑之乡”的美誉。瓮安黄粑在制作上采用传统工艺精心制作而成，以本地富含天然锌、硒的糯米为主要原料，科学调配优质黄豆、红枣、绿茶、黑糯米、冰糖等原料，用野生竹叶包制，经过长达十几个小时的加工直至黄粑由白变黄而成。黄粑中糯米透亮，糯米香、黄豆香、红枣香、绿茶香、竹叶香、木香混合，富含人体所需的多种营养元素。目前，这一极富乡土味道、蕴涵着浓郁乡情的特色食品，日渐成为旅游、居家、馈赠亲友的主要选择。

任务九　侗果制作技艺

一、非遗美食赏析

侗年是侗族人民的传统节日，在侗语里称“凝甘”。侗年起源于佳所。传说明万历年间，南部沿海某地总兵杨友相回佳所探亲，过年前获军情急报，倭寇犯我海疆，杨友相必须返回防地率部抗倭。家乡人民决定冬月初三提前过年，满足杨友相在家过年的愿望，使他安心杀敌报国。为纪念杨友相，佳所把每年的冬月初三称为“杨家年”，继而演绎成如今的“侗年”。侗年前后，佳所每家每户都制作侗果。这道美食是佳所侗寨待客必备的点心，也是祭祀的常用供品。侗果颜色褐黄，表面裹有晶莹的糖衣，吃起来既香脆又甜蜜，寓意“侗年是一颗颗甜蜜的糖果”。厚重的文化底蕴，使侗果成为佳所侗年的必需品，款待客人的重要食品，升华为佳所侗族人民扩大社交的重要载体。侗果具有香、甜、脆、酥的特点。

二、制作技艺

1. 主辅料：甜藤、黄豆、糯米、白糖、菜籽油、热白芝麻等。

2. 甜藤处理。采集新鲜甜藤，去除残缺叶子并清洗干净，放进竹筛里沥干水分，然后将之割碎后反复捶打，按照配方将甜藤和水混匀，煮开过滤取汁备用。

3. 豆浆制备。将市售的黄豆筛选后洗净，浸泡12h后再次清洗，然后与水按配方比例混匀打浆，过滤豆渣，得到豆浆备用。

4. 制备侗果坯。糯米淘洗干净，浸泡5～10h，蒸熟，然后用石碓舂糯米饭的同时加甜藤水和豆浆，直至舂成糍粑，晾1～2h 至半硬半软状态，将之切成指头大小的坯子，摊晾在室内通风干燥处40～60d直至阴干。

5. 油炸坯子。取阴干的坯子与细沙混匀，在锅中炒至半胀后，立即取出过滤掉细沙，马上放入备好的油锅中炸制，沿一个方向持续搅动，待坯子浮现胀至状如猕猴桃大小、色呈酱黄时，捞出沥油。

6. 侗果制作。将糖与水按照配方比例同时倒入干净锅内，小火熬化，边搅边熬，待水分完全挥发即糖液起丝时将上述炸制的坯子放入锅中，铲动翻滚，穿糖衣后从锅中取出，放在备有熟芝麻的簸箕上，迅速翻转滚匀，即成侗果。

7. 包装。侗果晾凉后用包装袋密封贮存。

三、注意事项

1. 将侗果面团炒软，待膨起后，入热油锅中温火炸，待方块形的把胀成核桃大小的圆形果，长条形的炸成鸡蛋大小的椭圆形金黄果时，捞出放入熬溶了的红糖汁中。

2. 糯米要蒸熟，舂烂。

3. 炸制时油温不宜过高。熬糖应采用中小火。

4. 甜藤宜秋后采摘，具有酥松与增甜的作用，如用糖水替之，成品干硬而不松软。

四、风味特色

外形膨胀松软，剖面如丝瓜瓤，外香内酥，芳香爽口，芝麻馨香馥郁，酥、脆、甜俱全，地方特色浓厚。

知识链接

甜藤又名鸡屎藤、鸡矢藤、斑鸠饭、女青、清风藤等，属茜草科鸡矢藤属多年生草质藤本植物，贵州省侗族人民将它作为加工食品的甜味剂，故称甜藤。甜藤主要分布于我国的贵州、广西、湖南、湖北、甘肃、陕西、安徽、山东、江苏等地，生长环境气候湿热，土壤以肥沃、深厚、湿润的砂质土壤较好，多生于林中、林缘、溪边、河边、路边及沟谷边灌丛中，或攀援于其他植物及岩石上。甜藤的根、茎、叶、花具有祛风除湿、消食化积、解毒消肿、活血止痛的药用价值，果实还可解毒疗伤。侗果以甜藤作甜味剂，可以降低成品含糖量，同时增加了一些对人体有益的成分，使其具有一定的保健功能。

任务十　鱼包韭菜制作技艺

一、非遗美食赏析

传说水族的远祖从南方向北方迁移时，当地的老人送了一包菜，嘱咐道：“这里面的菜就作为你们以后在新居招待宾客的一道菜。”北迁的远祖在半路打开一看，是香喷喷的鱼肉，吃后浑身添劲。之后，水族人一直走到都柳江畔安下家。

在水族村寨，随处可见大大小小的鱼塘。水族人烹调鱼的方法有很多，但仅鱼包韭菜是水族端节的上品。传说水族远祖定下端节的日子后，叫大伙把鲜鱼沿背剖开，填上韭菜和广菜等佐料文火蒸熟，再按传统祭祖仪式放在供桌上，周围摆上瓜果谷穗和犁耙，接着敲铜鼓，跳牛角舞，以庆祝安居团聚和丰收。从此，这种特有的剖鱼方式沿袭下来，鱼包韭菜成为端节的特有佳品。鱼包韭菜吃起来鲜嫩香酥，酸辣适度，十分可口。

按照端节的习俗，年三十和初一的早上要忌荤吃素，吃素的意思是不吃畜禽动物的肉，但唯独水产动物中的鱼肉不但不忌，而且被当做祭祖和待客的上品。水族俗语里有句话叫“无鱼不成年，无鱼不成礼”，意为没有鱼就不像过年，家里来了客人，若没有鱼招待就不成礼仪。

二、制作方法

1. 主辅料：鲤鱼、白酒、糟辣椒、韭菜、盐、米酒、姜、葱、蒜、盐等。

2. 将鲜鱼杀后去鳞、鳃、鳍及肚杂，清洗干净，入盆洒上好白酒。韭菜摘洗干净，切成寸段。葱、姜、蒜除去外皮，洗净剁细。泡辣椒剁碎。

3. 韭菜入碗，加入葱末、姜末、蒜泥、泡辣椒粒、食盐拌匀，填入鱼腹内，用洁净草捆住，装入盘内。

4. 木甑入锅，注入清水，以水漫出甑脚外沿为度，将鱼盘放入甑内，盖上甑盖。先用旺火将水烧开，改用小火蒸约10h，至肉烂而不糜即成。

三、注意事项

1. 泡辣椒要选色红味正为宜。

2. 蒸制亦可将鱼碗放入水锅，隔水炖制。用木甑蒸，一要注意火候，二要注意观察锅内水量，少时应添加开水，以防干锅烧焦。

知识链接

沿着我国四大河流之一的珠江顺流而上，有一条支流叫都柳江，在都柳江两岸，居住着56个民族大家庭中的一员——水族。在水族的民间传说中，有一种叫作“喏命”的神鸟，“喏命”，汉意为凤凰。都柳江流域山川逶迤，风光秀丽，水族人民因此自豪地把自己的家乡比作像凤凰羽毛一样美丽的地方。

农历八月下旬至十月上旬，每逢亥日，即水族人民过端节的日子。传说，亥日是水族远祖去世安埋的日子，把这一天定为新年，不仅因为是新年伊始，也为了祭祀祖先。节日将到的头一天，也即除夕这天，水族人家都要打扫庭院、洗刷锅台、洗刷饮食器具，意思是当晚要迎接祖宗神灵回家。就像汉族人民过春节一样，端节是水族最隆重的节日。部分地区的水族村寨，一年就这一个节日，因此显得更为重要，他们往往在节前一两个月就开始准备。

任务十一　侗族腌鱼制作技艺

一、非遗美食赏析

侗族人制作腌鱼、腌肉从明代便有记载，相传侗族人的祖先原以狩猎为主，猎物时有时无，时多时少，有时多了吃不完，少了要挨饿。于是有一位极富智慧的先民想了一个办法，将吃不完的猎物切成小块，与吃不完的米饭和辣椒装入木桶，用树叶等物盖上，再用石块紧压，便又狩猎撵山去了。一个多月后返回，将存放在木桶里的食物取出，那兽肉不但不腐不臭，吃起来味道还鲜美可口。从此，大家效仿，并不断改进腌制方法，世代相传，沿袭至今。于是，制作腌鱼、腌肉也就成为侗族人的绝活，腌鱼、腌肉也就成为侗民招待亲朋好友的上好食品。

鱼是侗族人民生活中不可缺少的食品。侗族不仅在日常生活中喜欢吃鱼，待客时更是以鱼为贵，在一些重大的节日及婚丧嫁娶活动中也离不开鱼，在每年的除夕、端午节、尝新节、甲戌节等均以鱼祭祖；在丧葬活动中，大多用腌鱼还礼、招待客人并用腌鱼祭灵位。

二、制作方法

1. 主辅料：鲜活鲤鱼、糯米、辣椒、花椒、红曲干粉、苞谷酒、食用盐、炒米、甜酒糟、辣椒、花椒、糖。

2. 鱼的处理。将鱼洗净，以泄殖腔为界划一平行于鱼尾的线，深度直达脊柱，然后紧贴脊柱将鱼切开，并划开鱼脑，完全暴露腹腔，摘除内脏，清洗后悬挂于支撑物上沥水1～2天备用。

3. 炒米的处理。大米或糯米炒至焦黄，加少许水，直至其膨胀，备用。

4. 辣椒和花椒的处理。辣椒和花椒晒干，加工成粉末状，备用。

5. 腌制过程。先将盐和米酒混匀，然后均匀涂抹于鱼内外，于盆或桶中浸泡2d，每天翻动3次，浸出的盐水混入佐料中。浸泡结束后，将佐料炒米、甜酒糟、辣椒、花椒、糖、红曲干粉、苞谷酒均匀混合，放入鱼腹中，鳃部和嘴部也要放入少量佐料混合物。将佐料和洗净晒干的棕树叶垫于木桶底，逐层铺鱼，鱼层中间撒辣面。若放入陶坛发酵，先在坛底放上佐料混合物，再逐层铺鱼，鱼层中间铺上佐料混合物。无论是用木桶还是陶坛，均需压紧。木桶腌制发酵时，鱼的表面放棕树叶等物品；而陶坛腌制时需加水封闭。制作时，除盐含量需较严格控制外，其他成分可根据个人的喜好适当增减。

6. 发酵终止。传统腌鱼盐分含量较高，可保存较长时间，不用终止发酵过程，但高盐腌制品对人的健康有一定的影响，目前多推荐低盐腌鱼的制作方法。为了使低盐腌制食品适度发酵，多数侗家人在腌制食品发酵充分后，用食品包装袋包装，于-20℃冰箱中保存，既通过低温终止了生物发酵，又保证了腌制食品的口感。

三、注意事项

1. 用于腌制的鱼一定要是鲜活鲤鱼，个体完整无损伤，无异味。去内脏时不要弄破鱼胆，以免污染鱼体。

2. 腌制鱼的木桶存储在阴凉干燥、通风透光的地方，不能让阳光直接曝晒，室内温度最好在 15~18℃。要经常检查密封水是否挥干或溢出，挥干了要及时加入食盐水，溢出则影响桶周卫生。

3. 取食时将压在上面的石头先取出，将木桶倾斜，沥干上面盐水后取出木板和棕树叶，便可取食腌鱼了。

四、风味特色

侗家人食用腌鱼有生吃、烧烤、油炸3种方式。喜欢原味的可以生吃，但腌鱼没有刮鳞，鱼皮较难以嚼烂。烧烤需用炭火或烧烤机，味美，但因条件限使用较少。油炸时只需要用少量油就可以把鱼炸至焦黄，香脆可口，是常见的食用方式。

知识链接

侗家人对牛瘪汤情有独钟。食“牛瘪”古已有之，据宋代朱铺著《溪蛮丛笑》记载：“牛羊肠脏略摆洗，羹以飧客，臭不可近，食之则大喜。”牛瘪汤是黔桂交界地的特色菜肴，深受当地人喜爱。侗族无牛瘪不成宴，只有尊贵的客人才能品尝到专门预备的牛瘪。

牛是反刍动物，吃入的草料不是立即消化，而是不时将半消化的植物纤维反刍至口中，不断地咀嚼，纤维成分本来要经过胃、小肠、大肠这三关，可在胃里就被“截获”了，其胃里的药草尚未完全消化，取出用手揉搓出汁液。好的牛瘪汤必须用牛瘪原汁，不能掺水，还要恰到好处地调味。

1. 制作过程

牛瘪汤的制作过程很讲究，将常年喂食鲜嫩杂草料的一头健牛宰杀、剥牛皮，把牛胃取出并割开一个口子，黄绿色的胃液夹杂着未完全消化的草料，慢慢溢出。把汁从混有草料的胃液中挤出来，经过几道过滤程序，撇去渣滓。先放入姜、蒜、辣椒、八角、花椒、西红柿煸炒，随后将汁放入锅中，与盐、茶蜡一起煮，加入牛胆汁及佐料橘子皮、肉桂叶、吴茱萸、五香叶等放入锅内文火慢熬，加入白酒拌匀，此时，汤汁上泛起浮沫，香味飘溢。之后加入牛杂、牛肉煮沸后，即成为一锅美味的杂烩汤。

2. 味道及功效

青绿而浑浊的汤里有牛百叶、蜂窝肚、牛肠、牛筋等物，混合了浓重的植物青香味，以及辟腥作料的香辛味，五味杂陈。舀一小勺汤送入口中，像是喝草药汁一般，入口清凉，还略有些苦。再拣一块牛杂嚼食，韧脆爽口，食者感觉到“先微苦、后回甘”“始尝有膘膻，渐渐吃出了鲜美之味”。地道的牛瘪汤呈暗绿色，入口味道略为苦涩，伴有较浓的牛骚味，若与侗家油茶、糯米饭、酸食等搭配食用，则会别具风味。当地人很少有胃病，应该跟长期食用牛瘪汤有关。农村放养的黄牛都很挑食，专吃干净的草药和嫩叶，其消化物无污染，有清热下火、排毒通便的功效，故当地人也将牛瘪汤称为侗族的“三九胃泰”。

项目五

武陵山区湘西非遗美食

任务一　泸溪斋粉制作技艺

一、非遗美食欣赏

泸溪，湘西的南大门，与沅江河畔相抱，高山耸立峡谷交错，扼入大西南的咽喉，地势险要，历来为商埠、军事之要地。相传早在汉代，伏波将军马援就曾在这一带征讨“南蛮”，遭到“南蛮”顽强地抵抗，加上士兵水土不服，军粮供给不足，几仗下来，兵疲马乏，死伤惨重，撤退到沅水江边进行休整，封闭了半个多月不战。当地的百姓拥戴马援，可是百姓很穷没有肉怎么办？于是，百姓粗粮细作做成斋粉，以解决水土不服慰劳士兵，成了士兵的美味佳肴。不到半月，马援的士兵和战马体力迅速得以恢复，大战“南蛮”，获取全胜。这就是泸溪斋粉的雏形。这说明了泸溪人吃米粉有着源远流长的历史。据《泸溪县志》记载，早在康熙年间，斋粉在泸溪县境内就已家喻户晓。斋粉不同于山珍海味，但却是泸溪人心中的人间珍馐。泸溪斋粉承载了数百年的历史演变，也承载起了每个地道泸溪人的寄托，如今来泸溪旅游的朋友都会念念不忘地要去吃一碗地道的泸溪斋粉。

2015年，泸溪斋粉入选第七批州级非物质文化遗产代表性名录项目。斋粉不仅味道好，还有发热，祛寒的功效。细如龙须的粉丝，放上翠绿的葱花、油炸辣椒、生姜米、花生米和油炸黑豆豉酱，再加上一勺“六味胡椒汤”，入口细滑，清香扑鼻，味道鲜美之极，老一辈泸溪人中流传着这样一句话：“宁可百日食无肉，不可一日无斋粉”，泸溪斋粉以它特有的味道和魅力成为泸溪的特色早餐。

斋粉，虽是素食，一面清心养性，一面欲罢不能。一层薄油底下看似清汤寡水，加上香油、胡椒粉、姜末、葱花、酱油、盐、醋、豆豉汁等数十种辅料，调配得当，口味刚刚好，这个度一般人是掌控不好的，除非闻名当地的莫氏、唐氏斋粉。

二、制作方法

1. 主辅料：大米、胡椒粉、姜末、葱花、酱油、盐、醋、豆豉汁、花生米等。

2. 打浆。将浸泡一个星期略有酸味的大米磨成浆，浆要细匀，粗了则不好揉团。

3. 兑芡、揉团。把浆盛入布袋，压干或挤干水分，在浆块中掺兑适量的芡粉，反复揉搓，分成1kg左右的浆团，再放进滚开的水中煮。煮团极有讲究，是粉丝有无韧性的关键工序。煮好后捞出，趁热把浆团掰开，用力揉搓，把浆团中间的生浆和外表的熟浆揉匀成腰子形的浆团。

4. 榨粉。将浆团放进榨粉机里压榨，银丝玉缕般的粉丝流进开水锅里，煮几分钟。

5. 洗粉。捞出粉丝，放在清水里清洗，再一扎一扎地理好，分放在筲箕里。至此，斋粉丝生产全部完成。

6. 煮粉。烧开水锅内放入斋粉丝，略煮3min，捞入放有胡椒粉、姜末、葱花、酱油、盐、醋、豆豉汁的碗中，撒上花生米，即可食用。

三、注意事项

1. 制斋粉丝所用的原料应是新鲜的纯黏米。食用时，烫粉的热水以不滚沸为度。调料充足，传统无荤，故名“斋粉”，软糯适口，清淡不腻，香气扑鼻。

2. 斋粉的制作和一般米粉的制作方式方法相同，斋粉的粉丝细而柔韧，好吃与否，关键在烫粉和汤料。泸溪斋粉的烫粉过程也和一般米粉的烫法一样，用来烫斋粉的开水中加有种种调味品，且此水不用换，粉丝经过料水烫好后盛入装有料汤的花瓷碗中，放上少量辣椒粉即可食用。千万别以为它是一碗清汤寡水的粉丝，其实美味就在这清汤寡水之中。

四、风味特色

一碗斋粉前，举著欲试，这粉丝细长顺滑、晶莹剔透，不像大多数粗壮得沾了烟火气的米粉，它有种飘飘洒洒的仙气，纤细清爽而千回百转，延绵不断的韧性，劲道十足。人们惊奇于一粒米的升华，在水的掺合下，几经磨揉挤压，大米堂而皇之换了个形状，吃到嘴里已大不一样，年代的不同，人生阶段的不同，吃出的味道多少也有些不同吧。斋粉重汤味，与面相似属于“不在面而在汤”，斋粉汤多粉少，而汤回味无穷，有鸡汤的鲜却无鸡肉的腻，一口下肚美妙难忘，悔不该吃得那么快，这时候花生米正好派上用场。吃斋粉与众不同的臊子是花生米，用花生米的脆香裹上鲜汤，细细地嚼，慢慢地咽，好吃到让人忘忧。粉的少量让人意犹未尽，明早人们就又会趋之若鹜。

知识链接

荞粑苗语称“摆勾门”，是用荞粉掺和熟红苕，揉匀后做成灯盏窝状，再用蒸笼蒸熟即成。荞，学名荞麦，也称甜荞麦，一年生草本植物，春、秋均可播种，生长期较短。花为白色或淡红色，是优质蜜源。果实为三棱圆形，棱角锐。过去，因看重主食大米，故民间有“饭不养人荞和麦”之说。实际上，荞麦粉中含有铁、硒等多种有利于心脑血管健康的微量元素。近年来，荞粑开始在市场上走俏。荞粑煮熟后呈褐色，膳食纤维多，给人一种吃粗杂粮返璞归真的感觉。

任务二　苗家社饭制作技艺

一、非遗美食欣赏

社日是古代农民祭祀土地神的日子，汉以前只有春社，汉以后开始有秋社。从宋代起，以立春、立秋后的第五个戊日为社日。唐宋两代对社日描述的诗歌很多，大家熟悉的有唐代诗人王驾《社日》："鹅湖山下稻粱肥，豚栅鸡栖对掩扉。桑柘影斜春社散，家家扶得醉人归。"唐代张籍《吴楚歌》："今朝社日停针线，起向朱樱树下行。"宋代王安石《歌元丰》："百钱可得酒斗许，虽非社日长闻鼓。"都是描写社日的名篇。明代谢肇淛《五杂组·天部》载："唐宋以前皆以社日停针线，而不知其所从起。余按《吕公忌》云'社日男女辍业一日，否则令人不聪'，始知俗传社日饮酒治耳聋者为此，而停针线者亦以此也。"这些都是古代文献有关社日的记载。

在湖湘大地以及湘西山区，农民每逢春季社日都要祭祀土地神，祈求年景顺利、五谷丰登、家运祥和，俗称过社、拦社，他们要煮一种食物叫作社饭，用作节日的祭品，湘西的土家族、苗族、侗族等少数民族十分看重过社，家家户户都要做社饭，并且乐此不疲。清代《潭阳竹枝词》："五戊经过春日长，治聋酒好漫沽长。万家年后炊烟起，白米青蒿社饭香。"是描写土家族人过社的真实写照。

社饭是土家族和苗族同胞喜爱的食品。它的特点是饭菜合一，营养丰富，既有糯米的香糯，又有腊肉的熏味，还有社菜的清香。饭锅一掀开，浓香四溢，令人馋涎欲滴，食欲大振。

二、制作方法

1. 主辅料：糯米、籼米、青蒿叶、腊肉（或鲜肉）、干豆腐、胡葱、地米菜等。

2. 糯米、籼米各半用水淘洗干净，在开水中余烫一下，捞起用筛子沥干。

3. 将刚采摘的新鲜青蒿叶（带嫩苔）洗净，煮熟，切碎（或用碓冲碎），漂洗，去掉苦水，直到青蒿呈白蓝色，即成“社菜”。

4. 将腊肉、干豆腐、胡葱、地米菜等配料及调料炒至半熟。

5. 灶锅内放水，烧开后，放进糯米和籼米，煮至七成熟时，把炒好的配料倒入锅中，与米饭搅匀，盖紧盖，用微火焖熟后，即可食用。

三、注意事项

1. 湘西人在吃社饭前，户主要先祭土地神，吟诵祈祷的吉语：“田田出宝，挖土土生金。春种一粒籽，秋收千万斤。”侗家人做社饭，乐意与邻里分享，给左邻右舍送一些去，互相称赞对方的社饭煮得好；土家族人做社饭，不光是为了自家人吃，还用它馈赠亲友，民谚云：“送完了自家的，吃不完别家的。”充分显示出土家人的淳朴、亲和民风。

2. 为制作湘西社饭，农家在立春之日开始，就安排自家的孩子在田园、溪边、山坡上采摘鲜嫩的青蒿，在翻过冬土的地里寻找出芽的胡葱。把采摘回来的青蒿、胡葱分别洗净、剁碎，揉尽青蒿中的苦水，焙干，与胡葱、地米菜、腊豆干、腊肉干等辅料按三比一混合，糯米与籼米比例为二比一，籼米煮到半熟，把糯米倒入锅内与籼米同煮，直到糯米煮熟、煮透，把炒香的青蒿、胡葱放入锅里拌和均匀，焖煮半个小时，让每粒饭粒熟透，颗颗散开，又有糯性粘连。

四、风味特色

煮出来的社饭有蒿香、饭香、肉香、菜香等多种味道杂合，香馨入鼻，沁人心脾。饭粒色泽晶莹透明，油而不腻，吃社饭时香气扑鼻，令人食欲大增，吃完一碗还想吃第二碗。社饭可以现煮现吃，也可以之后炒着吃，社饭会越炒越香，其味鲜美，芳香扑鼻，松软可口，老少皆宜。

知识链接

山里人家多数是烧柴火取暖煮饭，几乎每家都有火塘，一般是一面靠壁，三面可以围炉而坐，取暖煮饭都在火塘，冬春季节火塘便成了家庭的活动中心。火塘上部居中位置都吊有“冲钩”，意思是可以上冲下滑的钩，早年多以长约三尺的斑竹筒打空竹节，再备长约五尺的木钩穿入其中，将长约七寸的木拴一个，一端用铁丝穿吊在斑竹筒的下端，一端凿圆孔让木钩穿过，这样木钩就可以上下滑动，木拴的坠力可以将木钩在任何位置卡住，所以这木拴就叫“管家婆”。“冲钩”也有以同一原理用熟铁打成的。

煮饭时，将四耳铸铁鼎罐挂在“冲钩”上，鼎罐盛水，火塘烧旺火，待水将要烧开时才可将淘干净的小米、黄苞谷瓣、大米和匀下锅，此处要注意的是黄苞谷用磨子磨碎后一定要用“格筛”筛去苞谷细面粉，否则容易溢锅。煮沸约10min，将火减弱，提高木钩，小火煮十几分钟，待饭至刚熟，将鼎罐提离火塘，再利用余热焖上数分钟，这样所焖的锅巴很容易与鼎罐分离。这时揭开鼎盖，饭香扑鼻，这样制作出来的饭称为鼎罐饭。特别是鼎罐饭的锅巴香、脆、爽，风味独特，可以和饭一起舀食，也可以加上姜、葱、蒜、花椒面、辣椒面，再淋上化猪油拌着吃。

任务三　乾州板鸭制作技艺

一、非遗美食欣赏

乾州板鸭产于吉首市乾州，它采用本地麻鸭加工制作而成，具有色泽金黄，肉质细嫩，芳香可口，营养丰富，外形美观，大小适中，久藏不变质，经济而便于运输等特点，是吉首地方传统特产，凡来乾州的人们，往往喜欢买几只板鸭品尝或带回馈赠亲友。

乾州板鸭的制作具有悠久的历史。乾州兔岩有个周兴发，后来迁住乾州北门内付爷衙门，他曾经任过清乾绿营把总，善烹调，时人称他周师傅。1914年，乾州厅（今吉首市）知事李千禄带来一位名叫谭振球的广东厨师。一天，李知事宴请文武官员和士绅，周兴发也在座。筵席上，山珍海味，样样齐全。周把总唯独对谭振球带来的板鸭和香肠十分欣赏，觉得别有风味。后来周把总专门向谭振球请教板鸭和香肠的制作技术。此后，周把总又在谭振球传授的基础上加以改进，每到冬天总要加工数十只板鸭赠送亲朋，品评滋味。那时，周把总的长子早丧，次子洪熙在外地谋生，故周就把板鸭制作技术传给他的一位好友。从此，乾州板鸭面世。据加工板鸭的老人介绍，从民国十五年（1926年）到抗战前，一到加工季节，就有许多商客将乾州板鸭从水路运往武汉、广州等地销售，每年销量五六万只。中华人民共和国成立后，乾州板鸭的传统制作技艺得到继承和发展。2009年吉首市申报的乾州板鸭制作技艺被列为市级非物质文化遗产名录。

板鸭有七八成干时，颈部成马鞭节，是最好的食用时候。板鸭肉味道鲜美有营养，鸭肉具有除湿、养胃的功效，适合体内有湿热、虚火过重的人食用。鸭肉是一种滋补功效很强的食物，而且是适合夏季养生的肉食，特别是体内有热的人群，鸭肉无疑是他们的选择。鸭肉性味甘、咸、平、微寒，入胃、肾经，具有清热、补血、养胃生津、止咳息惊等功效。

二、制作方法

乾州板鸭立夏时就可加工，小雪时加工的可存放到春节，大雪时加工的可存放到次年农历二三月，以冬至后加工的为最好，可以存放到次年农历五月不变味。这段时间因气温逐渐下降，霉菌不易生长。

1. 主辅料：活鸭子、肉桂、山柰、川椒、丁香、八角、桂皮、白胡椒、食盐、白糖等。

2. 活鸭选择。应挑健康无病，羽毛整齐，油光水亮，肌肉丰满，臂部肥厚，体重1.5kg以上的母鸭为最好。加工出来的成品，肉质肥厚，式样美观。病鸭、公鸭不宜用于加工，因肉薄味差，又不美观，且公鸭还有膻味。加工采用老鸭则肉厚损耗少，仔鸭则肉嫩水分多，各有所长，比较而言，老鸭加工优于仔鸭，本地鸭加工优于苏州鸭。如果鸭群不肥，应采取圈养催肥的办法，用精饲料喂养，一般15d左右可以宰杀加工。

3. 宰杀修毛。用左手捏住鸭的一脚和两翅，右手持刀，在咽喉稍前的下颈动脉处切断血管，待血流尽后，放入65℃左右的热水中，反复热烫，拔去粗毛、绒毛。

4. 剖腹取脏。鸭子修好后，在腹部正中直线开刀，长约5厘米。左手持鸭体，右手伸入腹腔，食指和中指穿过横膈膜取脱心脏。取出所有脏器（留肺），用冷水洗净体内残留碎物，放入冷水中浸泡3～4d，以除去残留血液。捞起，沥去水分，晾挂1～2d。

5. 剖胸整形。把沥干水分的鸭子放在桌子上，从两脚的跖骨、股骨、小腿骨相连处的膝盖骨砍断，除掉两脚，再从两翅的臂骨相连处砍断，去掉两翅。然后将腹部向上，背部向下，头向外，尾向内，从胸部正中将鸭剖开分成均匀的左右两边。头部皮肤剖至倒数4～5颈椎为止。刀口要求整齐。除掉气管和淋巴，用刀砍断胸部前面的人字骨，划开尾部的脂腺肉。翻转鸭体，用手把鸭体压平呈板状，整理外形。尾部不整齐的碎肉用刀切掉，使腹部呈半圆形，整个鸭体呈琵琶形。若腔内翘起可用刀砍平。

6. 投料入缸。整形之后，即撒盐和香料，以口内、颈、胸腹、翅、腿的顺序撒匀，大腿和前胸多肌肉处应多撒一点。每个鸭子约撒盐料1两。轻轻揉擦，使盐和香料粘住鸭体。之后将鸭胸朝上，头颈弯入背下，一层层地放入瓦缸内（瓦缸比其他盛器好），最上一层再撒上一些盐和香料覆盖，并用一个比瓦缸略小一点的木盖盖上，用石块压住木盖，将鸭体压扁，以便盐和香料腌透鸭子。盐和香料的配制：肉桂、山柰、川椒、丁香、八角、桂皮、白胡椒炒燥研末，另加食盐、白糖混合均匀即成。

7. 腌制检查。鸭入缸后，要经常检查。入缸五六天，要加入5%的冷盐开水略微淹没腌鸭的表面，使盐和香料渗入腌鸭的肌肉内，防止表皮生滑的现象。在腌制期间，如果屋内气味飘溢有五香味，说明腌得好；如果没有五香味，说明存在不良的情况。这时应试缸内温度，用手摸缸边，呈凉冷感则正常，发热则不正常，应赶快出缸处理。

8. 出缸晾晒。入缸15d后，观察鸭肺的颜色，如是棕红色，则已腌好，可以出缸；如是鲜红色，则腌制时间未到，仍需继续腌制。出缸后将腌鸭放入温水中（最好用井水，温度以不冷手为宜），洗掉香料渣和盐水，用干净布抹干腔内外水分，整好外形，扯直皮肉，把腔内未除掉的黏膜、筋腱除掉，再将鸭胸腹向下，背部朝上，平放在通气漏水的竹帘上，让其日晒风吹。待腔内稍干再翻转来晒（或风吹）至五六成干，用小麻绳穿上两鼻孔，挂在通风处。

三、注意事项

如果需要贮藏或外运，应在鸭体内涂上一层茶油，既能保鲜防干，又能使外形更加美观。待油渗入鸭体后，用白纸将鸭一只只包好，放入竹篓内盖好，贴上标签，注明只数斤两、加工时间和单位。放置阴凉通风处保存，切勿受热、受潮。

四、风味特色

烹调乾州板鸭之前，先用温水洗涤一下，再用淘米水浸泡一个时辰，如果想口味淡一些可以在淘米水里加一点盐，以盐解盐可以让板鸭解咸提鲜，浸泡过后的板鸭沥干水分切成块状或片状装盘，盘中放置梅干菜、香干豆腐、血豆腐，上层再放入姜丝、蒜蓉、花椒、香葱等，入锅大火蒸熟，出锅趁热淋上辣椒酱、芝麻油、生抽、蚝油等即可食用，出锅的板鸭自然清香，皮黄肉红，酥软嫩滑，入口味美，为上等佳肴。按此种方法同时也可以将腊肉、腊鱼、腊香肠、血豆腐等腊味食品一起合蒸，食之更加味美。

知识链接

酱鸭做法：把鸭宰杀，去毛，开膛，去内脏，洗净，沥去水，用盐擦透置钵中，以物压紧，腌48h左右，取出再沥去盐水。将鸭入锅加清水烧沸（最好放入些猪肥膘一同烧），取出洗净，撇去汤中浮沫，然后将鸭放入，加葱、姜、酒、酱油、红米粉、糖，用盆子将鸭压入汤中，盖好，用文火烧至八成烂，取出鸭子冷透分盆。汤汁内如有猪膘配料可取出，部分汤留作下次烧鸭老卤用，部分汤放于旺火上加糖收稠，抹在鸭皮上即成。酱鸭皮肉呈玫瑰色，肥酥而香，味咸中带甜。

任务四　土家三下锅制作技艺

一、非遗美食欣赏

张家界三下锅是张家界土家族文化的缩影，代表土家族人的风土人情，代表土家族人的家族家庭观念，代表土家族人的饮食习惯和生活态度，想了解张家界、熟悉张家界，首先要熟悉土家族和三下锅的深厚文化内涵。在张家界吃土家八大碗、土家十大碗，很多游客觉得吃到了土家族菜肴的精华，这绝对没错。土家八大碗、土家十大碗的主菜就是三下锅，只是把它的名字改为和菜，非常文雅。

三下锅是种方便的干锅，最具张家界本土特色。相传，明朝嘉靖年间，倭寇在我国东南沿海大肆袭扰，朝廷多次派兵抗倭，都以惨败告终。尚书张经上奏朝廷，请征湘鄂西土家族士兵平倭，明世宗准奏，派经略使胡宗宪督办此事。永定卫茅岗土司覃尧之与儿子覃承坤及桑植司向鹤峰、永顺司彭翼南、容美司田世爵等奉旨率兵出征，恰好赶上年关，覃尧之深知一去难返，决定与亲人过最后一个年，下令提前一天过年，用蒸甑子饭、切砣子肉、斟大碗酒做过年食物，因为时间紧迫，来不及准备许多菜蔬，土司家厨把腊肉、豆腐、萝卜一锅煮，做成土家族的第一碗“合菜”，后来慢慢演变成现在的三下锅。士兵上前线后，很快打败倭寇，收复失地，世宗亲赐匾额。

现在的三下锅选材更加广泛，增加了张家界特有的酸萝卜、霉豆腐、酸菜做开胃菜，把肥肠、猪肚、牛肚、猪脚、猪头肉等多种食材作为备选。张家界现在的三下锅，菜品根据客人的喜好搭配，食材品种多，种类不断增加，营养更加丰富。

二、制作方法

1. 主辅料：腊肉、肥肠、猪肚、胡萝卜、豆腐、白萝卜、干辣椒、辣椒油、葱、姜、蒜等。

2. 腊肉、肥肠、猪肚洗净，放入锅中，焯水。

3. 锅内放菜籽油、辣椒油，炒香葱、姜、蒜，加腊肉、肥肠同炒，后放入猪肚翻炒。

4. 利用锅内余油炒香辣椒和豆瓣酱。

5. 把炒好的材料放到煨锅中，烧开后，下萝卜块和豆腐块同煮至肉熟菜肥时，即可食用。

三、注意事项

1. 腊肉皮先用明火烧焦，刮洗干净，然后再煮，则皮松酥可口。先下腊肉、肥肠，再下猪肚，最后下豆腐、萝卜，主辅料成熟度一致，口感绝佳。

2. 三下锅食材可以根据食用者的口味调整，腊肉、肥肠、猪肚可换成猪头肉、五花肉、牛肚、羊肚等。

四、风味特色

在吃的法则里，风味重于一切。中国人从来没有把自己束缚在一张乏味的食品清单上。人们怀着对食物的理解，在不断的尝试中寻求着变化的灵感。口味厚重的土家人更是煮沸了一锅又一锅的沸腾美味，现如今的三下锅也从一开始的腊肉、豆腐、萝卜一锅炖演变成了种类变化多样的三下锅，多为肥肠、猪肚、牛肚、羊肚、猪蹄、排骨或猪头肉等选其中两三样或多样经过本地的厨师特殊加工而成一锅，再配上自制的素菜予以搭配。同时，三下锅的吃法也演变为干锅与汤锅两类。干锅无汤，麻辣味重，不能吃辣的人最好别吃为好，汤锅是一般慈利县人们的热选。三下锅的食材很有讲究，如今一般会以三荤为主材的黄金搭配展现，这样则能保证二分爽口，三分浓香，五分香辣，十分营养。

知识链接

张家界的土家腊味宴丰富多彩，享誉全国，土家腊味宴必不可少的是腊味火锅。做火锅的材料有腊肠、腊猪肚、腊羊肉、腊牛肉、腊野兔、腊猪肉、腊鱼、腊猪脚和各种野味制成的腊肉。腊味火锅做法各有千秋，但有一个共同的特点就是成品香醇可口。各种腊味用火锅炖过后，边吃可边下其他蔬菜，其回味无穷。当然，腊味宴少不了炒腊猪肝、腊猪肉、腊豆腐干、腊肚片……过年前做腊肉是张家界地区的老传统，每年的十冬腊月，人们便纷纷杀猪宰羊做腊肉。腊肉的做法一般都是用盐浸几天后再上炕熏，最关键的地方就是炕这一关，火不能太急也不能太慢，而且炕肉的材料也有讲究，最好的材料是柏树枝和松树枝，炕出的腊肉红红的，放一年都不会烂，这样做出的才是真正的土家腊肉，在腊味宴上独领风骚。

任务五　湘西酸肉（土家酢肉腌制）制作技艺

一、非遗美食欣赏

酸菜在中国菜谱上历史久远，在南北方广受欢迎。从《周礼》开始，酸菜就有了历史记载，不过，那时的酸菜被称为菹。东汉许慎的《说文解字》有这样的解释："菹菜者，酸菜也。"北魏的《齐民要术》更是详细介绍了用白菜制作酸菜的方法，但这些记载中的酸菜绝大多数都是以素菜为原料制作而成。在用各种素菜制作酸菜的历史中，人们并没有意识到猪肉也能够制作成酸肉。如果不是一次偶然事件，我们的祖先也许并不会想到猪肉竟然也能制作成酸肉。

湘西人历来有熏制腊肉的习俗。据说，数百年前，湘西人正兴高采烈地在猪肉上抹盐准备制作腊肉时，突然传来了敌军杀来的消息。乡民们藏好粮食后，抹过盐的猪肉却让他们犯了难，大家急中生智将抹了盐的猪肉放进平时制作酸菜的陶罐中，将其密封后埋进土里。等战事平息后返回家中，打开埋进土里的陶罐，里面的猪肉不仅没有腐败变质，还生出了别样的风味。因这偶然事件，湘西酸肉便被人们发现了。

猪肉能够用来制作酸肉，这是一件令人高兴的事。这样一来，猪肉不仅可以制作腊肉，还可以制成酸肉。湘西人制作酸肉时，会选用家里的老坛子，因为这种老坛能很好地隔绝空气，而放进老坛中的包谷粉或米粉，水解成糖后还会转化成乳酸，从而达到阻止蛋白水解、抑制老坛中微生物生长的作用。这样的酸性环境，对猪肉更能起到保质作用。

有些地方在将抹过盐和佐料的猪肉放上三五天后，用稻草烟熏老坛，然后将调配好的猪肉及时装进坛内压紧。密封前，再用一块烧红的木炭放进坛中上面的一点空隙中，待炭火红色减退，坛内的氧气用尽时，马上密封老坛。有些地方则会在密封前，在上面塞进一些洗净且干燥过的稻草，然后，将坛口倒立在水中，以水阻隔空气进入老坛。用这种方式腌制的酸肉保质期短者可达数月。

在腌制酸肉的过程中，猪肉裹了一层包谷粉和按一定的比例调配好的佐料粉。腌制好的酸肉色泽鲜明，瘦肉为暗红色，肥肉为乳白色，肉皮呈黄色。爆炒酸肉时，香气四溢，酸肉里的肥肉肥而不腻。在炒制的过程中，再加入适量的花椒粉、辣椒粉，就成了一道酸、麻、辣、香的风味菜。

酸肉对山里的男人们来说，带着进山既美味又方便。将酸肉炒好后，随便用个包便能将其装上，放进衣服口袋里。干活累了，取出吃上几片，口齿留香。如今的酸肉是湘西人招待贵宾的必备佳肴。自古以来，湘西人对远方来的客人都是极为尊敬的，这种尊重不仅表现在语言和行动上，更会表现在客人的饮食上。当客人来了，他们会将家里腌制好的酸肉和腊肉全拿出来招待客人。以前，腊月杀年猪后，人们留了用来过年的猪肉，便会将其他猪肉熏成腊肉或者制作酸肉，而要想吃到酸肉或者腊肉，大多也只有等待家里来客人时。

2009年永顺县申报的湘西酸肉（土家酢肉腌制）制作技艺列为市级非物质文化遗产名录。

传统酸肉具有很多特点。首先，以"色、香、味、形"四绝而著称，品质良好的酸肉瘦肉切面色泽呈鲜红色，皮面呈暗黄色，脂肪乳白，生嚼多汁，风味醇和，制后呈半透明，诱人食欲，瘦肉炒食略感粗糙，肥肉酱香四溢，有发酵酸味，肥而不腻。传统发酵酸肉由于微生物及酶的作用，蛋白质、脂肪、糖类等大分子经微生物的降解，产生大量的氨基酸和挥发性脂肪酸等小分子化合物，使酸肉变得易于消化和吸收。据检测，在发酵过程中，氨基酸总量和游离氨基酸均有所增加，并含18种氨基酸，其中8种是人体必需而又不能自行合成的必需氨基酸，提高了产品的营养价值。

二、制作方法

1. 主辅料：猪五花肉、玉米粉、糯米粉、干红椒、花椒面、精盐、青蒜等。

2. 将猪五花肉，烙毛后刮洗干净，滤去水切成大的长方形片，用精盐、花椒粉腌5h，再加玉米粉、糯米粉与猪肉拌匀，盛入密封的坛内，腌15d即成。

3. 制作时取腌好的酸肉，将黏附在酸肉上的玉米粉扒下来，放入盘中，酸肉切5cm长、3cm宽、0.7cm厚片，干红椒切末，青蒜切3cm长段。

4. 炒锅内放茶油，旺火烧六成热，下入酸肉、干红椒末煸炒2min左右，当酸肉渗油时用手勺扒在锅边，放入玉米粉，炒成黄色时与酸肉合炒，加肉清汤，焖几分钟，待汤汁稍干，放入青蒜合炒几下，出锅装盘即成。

三、注意事项

1. 炒肉时要不断转勺、翻锅，一防粘锅，二防上色不均。
2. 炒玉米粉底油不可过多，如油多可倒出。

四、风味特色

酸肉是湘西苗族和土家族独具风味的传统佳肴。此菜色黄香辣，略有酸味，肥而不腻，浓汁厚芡，别有风味。

知识链接

坛子肉是四川省安岳县（古称普州）广大劳动人民智慧的结晶。早在西汉时期，由于食物短缺和储藏条件的限制，为达到保质、防腐、方便食用的目的，智慧的安岳先辈们便巧妙地将豇豆干、青菜干等各种干菜和猪肉，拌以五香、八角等植物香料，以一层干菜，一层烙制后的猪肉腈入土坛中，数月之后，逐渐形成了风味独特、醇香可口，营养丰富，方便自己食用和招待客人食用的传统美食，人们俗称坛子肉。

相传公元48年，普州太后许黄玉带上母亲做的坛子肉远渡嫁洛国（今韩国），把中国美食传播海外。在革命战争年代，安岳革命者康遂每次外出，均把坛子肉装在背篼里，利用坛子肉营养丰富、易储藏的特点，以“卖坛子肉！”“是通贤的坛子肉吗？”“不，是普州的”为暗语，联络革命志士、收集传递情报，成功组织发动了震惊川内外的“通贤暴动”，把安岳地区的革命活动推向了高潮。通贤暴动后，许多革命志士参加了北上抗日红军，使坛子肉的故事随红军的足迹广为流传，享誉中华大地。

任务六 麻阳苗族腌菜制作技艺

一、非遗美食欣赏

早在旧石器时代中晚期，麻阳就有先民在这里繁衍、生息。从境内马兰、枫木林、上洲等处发掘出土的陶碗、陶盘、陶窑等文物古迹来看，至少在西周、两汉时期，麻阳先民就有了制作腌菜的传统。先民们受艰苦恶劣的居住环境和生活条件影响，他们对盐的需求无法满足，加之这里本不产盐、历来缺盐，靠船运销到本地的盐不是买不起，就是买不到，“龙肉无盐便无味”，勤劳、智慧的先民在长期的生产生活实践中摸索出了“以酸代盐、以酸补盐”的饮食方式和保存食物的方法，他们将青菜、萝卜、野藠等进行腌酸，不仅提升和改善了菜的味道，还提供了因季节更替也能吃到时令菜的便利。后来，他们又学会了腌肉、腌鱼，久之形成家家都有酸汤罐、户户都有腌菜坛、天天都有腌菜饭的饮食习俗。《麻阳融水苗族自治县民族志》载：“几乎家家都有坛子菜和酸汤。坛子菜种类很多，有酸辣椒、酸萝卜、酸青菜、酸猪肉、酸鱼等等，尤以酸（酢）肉、酸（酢）鱼，独具风味。”相传，在清乾嘉农民起义时，麻阳石羊哨苗民杨马彬带领乡民纷纷加入吴八月率领的起义主力军，在征战清兵的途中，就是靠着自带的青菜、蕨菜、野藠等腌菜帮助他们缓解了缺少食物和无暇寻觅食物之急，为沉重打击清王朝赢得了时间。追本溯源，麻阳腌菜制作技艺，至少走过了一条长达3000多年的传沿之路。

麻阳民间素有“麻阳十八怪，酸菜坛坛一排排”的谚语。麻阳苗族腌菜，自成体系、品种繁多。按材料可分为蔬菜类、肉食类。按腌坛放置方式可分为翻水坛、覆水坛两类，翻水坛腌菜属于湿制类型，覆水坛腌菜多为干制类型。按制作方式可分为坛子、酸汤两类，坛子腌菜包括干制蔬菜、肉类，或湿制类酸辣椒等，保存时间较长，干制类腌菜甚至可保存一年以上不变味；酸汤腌菜，即泡菜，俗称“酸菜”，取材蔬菜，泡制器皿多用盆、碗，有时也用坛罐，保存期7d左右。蔬菜类腌菜制作有洗、燎、晒、切、塞、封、腌七道工序，取材青菜、茄子、萝卜、蕨菜、野藠、豆角、辣子等。肉食类腌菜主要有酢鱼、酢肉。酢鱼取材稻田鱼或河鱼、江鱼，有养、净、晾、佐、塞、封、腌七道工序，成品色泽明亮，风味独特，集甜、辣、麻、酥、香、酸于一体。

苗族腌菜，彰显了苗族人民以酸代盐、以酸补盐、制酸储物的聪明才智，是研究苗族饮食历史与文化的重要佐证。它也是地地道道的健身菜、养生菜、长寿食品，具有丰富的食疗保健价值。它适合公司化生产、市场化营销、品牌化运作，开发其地方特色餐饮品牌，不仅能带动群众脱贫致富，也能拉动县域经济社会发展。

二、制作方法

1. 主辅料：青菜、茄子、萝卜、蕨菜、野藠、豆角、盐等。

2. 选择原料。各种新鲜蔬菜都可以作为腌菜原料，但蔬菜的品质与成品质量有密切关系。一般要求蔬菜成熟适度、新鲜、肉质紧密、无病虫害、粗纤维少。根据蔬菜的特点进行削根、去皮、去叶等处理工作。

3. 洗净。除去蔬菜外表附着的泥土、污物，以保证卫生和减少腐烂。

4. 晾晒。目的在于使蔬菜变得萎蔫柔软，加工时不至于折断；同时减少水分含量，可使食盐的用量相对减少，以节省成本；另外，晾晒可保持腌菜有一定的脆度。

5. 腌制蔬菜的腌制方法，可根据蔬菜品种及制品要求不同而定。常见的有干腌法、湿腌法、腌晒法、乳酸发酵等方法。

三、注意事项

1. 干腌法。所谓干腌法，就是在腌制时只加盐而不加水的腌制方法。这种方法适用于含水量较高的蔬菜品种，如萝卜、雪里蕻等。

2. 湿腌法。湿腌法针对含水分较少、菜体较大的蔬菜如茎蓝、芥菜头等，在腌制加盐的同时，注入适量的清水或盐水。这种方法又可分为浮腌法和泡腌法。

3. 腌晒法。腌晒法是一种腌、晒结合的方法。有些品种如榨菜、梅干菜在腌制前要进行晾晒，以去除一部分水分，防止在盐腌时菜体的营养成分过多流失，影响制品品质。制作酸萝卜头、酸萝卜干等半干性制品时，有的地方采用先腌后晒的方法。通过晒制，减少菜坯中的水分，提高食盐的浓度，以利于装坛储藏。

四、风味特色

作为家中常储、饭桌常备、隔天常吃的麻阳苗族腌菜，不仅是地道的下饭菜，也是人们的健身菜、养生菜、长寿食品。腌菜大都具有生津开胃、祛邪消腻、提神醒脑、补气益脾、降压利尿等作用，如性温味苦辛的野藠，就药食兼备，既可入药，也能做菜，能够治疗胸痹痛、痢疾等病症。尤其干制蔬菜类腌菜，其汤被称为“神仙汤”，饮之能清心明目、开胃止泻。麻阳人普遍高寿，百岁老人比例远远高于其他地方，应当说，与他们长期好吃腌菜的饮食习俗不无关联。

知识链接

麻阳十八怪是麻阳盘瓠的独特文化，是麻阳盘瓠文化的民间谚语诠释。它阐明了麻阳秉承古苗遗风的服饰习惯、独具个性特征的饮食习惯、纪实农耕文明的居住习惯、图解母系传统的婚嫁习俗、保留土语的语言习惯、反映苗族风情的生产习惯、遗存狩猎传统的养殖习惯、源于鬼神崇拜的民间禁忌八个方面的民间习俗。

1.“短裤穿在长裤外”。反映的是麻阳苗民秉承古代苗族先民遗风的服饰习惯。麻阳“熟苗”自清代雍正年间“改土归流”后，官府强令“服饰宜分男女”，于是男子“下穿超裆裤，裤筒短而大，腿上布绑腿”，女子下着长裤，并喜配上一个别致的抹裙（围腰），裙上绣有花鸟图案，以精致花带系于腰间。

2.“面条像裤带”。麻阳面条以无糯性粳米（麻阳叫“钢米”）浸泡磨浆，置约50cm×40cm矩形铁（铝）皮“镀盘”中敷匀呈膜状，放锅中蒸熟后，取出卷成圆柱状，名曰“露兜面”。粳米刚脆易碎，故食用时切成约50cm×3cm的粗长条，长、宽均较普通面条要超出好几倍。

3.“酸菜坛坛一排排”。麻阳几乎家家都有酸菜坛子，少的几个，多的十几个乃至几十个。酸菜坛一般都是陶制品，有翻水和覆水两种。味美可口、老少皆宜的麻阳苗家坛子菜有两种：一种是水泡酸菜，如水酸菜、泡萝卜、泡辣子等；一种是干制腌菜，如青菜腌菜、萝卜腌菜、野藠腌菜、酢肉、酢鱼、酢（青）菜、酸辣椒、酸萝卜、酸豆角、酸野葱、粉辣子等，是苗乡居家常用、日常待客的普通食菜。酸食有防病健胃之药用，酸食有除惑提神之功效，酸食有防腐保鲜之功能。人类长寿，确应有几分酸的功劳。麻阳是2007年首批命名的“中国长寿之乡”，高龄老年人口比例，仅次于广西巴马和江苏如皋。长寿是多因素的，其中应该包含有“吃酸”的因素。

4.“辣子当主菜”。“酸菜坛坛一排排”，这揭示了麻阳苗族食菜以酸辣为主的传统。但是苗人的喜食酸味，当非生性好酸辣，或因苗疆处于腹地，距海太远，附近又无盐井，得盐颇不易，所以在无盐时代，只有多食酸辣以促进食欲，累世相传，至今虽已有盐，但仍保存好食酸辣的特性。麻阳民间尚有“三日不呷酸，行（走）路打趔趄”“一日不呷辣，行路滚下喇（坡）”的说法。

5.“三个蚊子一盘菜”。麻阳习惯把蜂巢内已经长翅成型但尚未能展翅飞舞的幼蜂与蜂蛹一起煎炒，猛一看，长翅幼蜂似硕大无比的“蚊子”静卧碗中。

6.“鸡蛋串起卖”。“三月三，楂泡裸干”，每逢农历三月，漫山遍野的油楂树上，挂满脱皮后乳白色不规则球形的“楂泡”，质脆味甘，乡民多争相采集，以草根、藤蔓串之，一串串“楂泡”，远观活像串起来的“鸡蛋”。

7.“花生煮起卖”。人们对“干吃”花生见惯不惊，对泥土香味还没有褪尽的“水煮”花生却不禁称奇。

8.“茅厕树在大门外”。麻阳房屋多为建于平地的平房，结构当为“吊脚楼”变异，分两层，楼上堆杂物，或做客房；楼下住人，房间多铺“地楼板”；吊脚楼底层的厕所、畜圈、柴房移建屋旁，与住房分开。

9.“门槛过膝盖”。麻阳气候湿热，山中多蛇虫，人为蛇虫所害，人与蛇虫同眠，时有发生。故住房串联屋柱的“地脚枋”宽盈尺，离地约半尺（常镶以“地线岩”封闭），装木壁时，门槛常另镶约3寸高木枋，合计约60cm高。

10.“斗笠当锅盖”。麻阳每逢节日多喜蒸米做粑，如“过社”的社饭，端午的粽粑、桐叶粑，重阳的糍粑、桐叶粑，保冬节、过年的糍粑、印盒粑等，所以苗家多置有圆筒状甑桶。甑桶普遍巨大，直径常达两尺有余。有竹质甑盖，呈圆球盖状，似遮雨工具斗笠。

11.“马路当大街”。麻阳建县至明清时代，由于经济处于自给半自给的农业经济，加之兵燹频仍，因此商业发展迟缓，市场交易时间短，时至1982

年，麻阳的圩场设施，仍很简陋，甚至“以路为市”。

12.“背着孩子谈恋爱”。“背”乃麻阳土语，意即“怀”。反映的是古代苗族“坐家”婚俗。

13.“喊妈叫奶奶”。麻阳盘瓠后裔一直保留着自己的土语，特别是在日常称呼语上体现得尤为突出。如“嘎婆”（外婆）、“嘎公”（外公）、“满满”（祖母）、“孃娘”（婶娘、姑姑）、“亚亚”（伯母）、曼曼（叔叔）、“大大”（哥哥）等。

14.“婆婆爬树比猴快”。历史上，麻阳苗民在相当长的时期内，不得不回到狩猎、采集的人类初期生产状态，以获取生存的必要食物。由此，麻阳苗族女性，不仅能胜任重体力农活，尤其擅长的是活跃于山林，发挥其特有的身体灵巧的特长。

15.“小猪扛起卖”（“小鸡扛起卖”）。麻阳苗民发明了一种适用于多山环境的专门用于肩扛的工具“肩架”，即以两根分杈树干或两根圆木条上端扎“杈”，两“杈”等肩宽，上固定木板或厚树皮做成的不规则“圆槽”，“槽”中放需搬运物品。苗区习惯买卖“架子猪”（三十斤左右），常用“肩架”扛至市集（也常常在“槽”中绑一圆柱状大竹笼，里面放多只鸡、鸭、鹅之类家禽，以方便搬运）。

16.“猪比狗跑得快”。养猪是麻阳农家的主要家庭副业之一。昔日麻阳民间有“一条婆娘一条崽，一栋房子一条猪”的说法。麻阳山区居民习惯于放养禽畜，牛、猪、鸡、鸭、鹅等，大多放野外自由觅食。“牧猪”，是麻阳特有的风景。长时间在野外奔跑，麻阳农家猪，肉精而筋紧、腿壮而有力，可谓“身轻如燕”。

17.“三脚架架摇不得”。缘于祖先崇拜。麻阳苗家多在堂屋、灶前的火炉塘设有三角架，用于架铁锅、鼎罐以煮饭、炒菜、烧水。相传，三脚架乃三位祖先变化而来，如果未经祷告摇动或踩踏，则是对祖先的极度不敬，会给主人带来无妄灾祸。

18.“门槛坐不得”。缘于原始“血忌”传统。原始社会人们认为“血”中存在一个具有生命力的灵魂、一个左右人类生死的“魔力元素”，由此人类形成了一个关于“血气”的生命观念，“视血为忌，见血为避”。经历过几千年血与火的刀剑恐怖和大量族人倒在血泊里的事实后，麻阳苗民和其他地区的苗民一样，对“血气”无疑会产生极端的恐怖和极度的忌讳。在象征安全和依靠的家中，对于有“防护”意义的“门槛”就表现出严格的“血忌”传统观念——“门槛坐不得”。

任务七　麻阳露兜面制作技艺

一、非遗美食欣赏

麻阳乡村相亲时有“愿不愿，呷碗面”的习俗。关于这个富有仪式性的“程序”，民间流传一段凄美爱情传说。据传，尤公被黄帝枭首后，其属下八十兄弟各率部族避居穷乡僻壤的深山老林，没平静几年，官家又挑起战端，爱好和平的苗家没有常备军队，兵员由各村寨青壮自备装备组成，由各户负责筹备1名战士负责干粮，干粮是以比较扛饿的糯米制成的糍粑、印盒粑、饺粑之类。孤儿埃革的干粮被分到帕丹一家筹备，当年大旱，帕丹家糯米颗粒无收，只有刚米，为不影响出兵，帕丹和奶奶（妈妈）只好做了一些又硬又脆的刚米粑，并连夜磨米浆做竹制“镀盘”淌露兜面，备辣子炒肉丁、腌菜佐料，以表歉意。此前，埃革与帕丹山歌定情，只因埃革孤身一人家徒四壁，帕丹父母不同意他的求婚。出征时，帕丹一家答应埃革凯旋归来成婚。几年后，苗家战败，搬迁到更偏僻的深山，埃革也没有回来，帕丹抑郁终身。为了缅怀英雄，也为了推崇坚贞的爱情，露兜面便有了爱情的味道，成为青年男女相亲时一个固定仪式。“愿不愿，呷碗面”的传说和习俗，实际也佐证了露兜面悠久的历史。

露兜面，是苗族传统精制家常食品，因苗族有语言无文字，其工艺肇始、形成、流传未见史籍记载，但从其工艺主要器具“镀盘”的使用，可窥见一斑。把米浆置约50cm × 40cm矩形“镀盘”中淌匀呈膜状，放锅中蒸熟而成，因其形似外露围兜，故名“露兜面”。

露兜面是苗家特色家常食品，取材本地刚米，纯手工制作，基本技法有拣、筛、淘、泡、沥、磨、调、淌、蒸、划、晾、卷、切、抖等，工艺流程包括备料、蒸制、精制三个环节，有去杂、淘洗、浸泡、沥水、磨浆、调浆、淌面、蒸面、取面、卷筒、切面、晾面十二道工序。制作还有些特殊处理，在米浆中掺和芬葱、盐须等香料以增香味，拌和苕瓜粉以增加韧性，食用时更清香、更劲道、更滑腻。露兜面常见吃法有干吃、卷吃、烫吃、煮吃四种，常用佐料为日常家畜、家禽肉类精炒臊子，并加入油发干辣椒粉、酱油、葱花、盐须（香菜）等配料，口味独特。其储存讲究，湿面须放阴凉处冷藏、干面则放干爽处存放，关键是密封以防霉变，妥当储存的干面保质期可长达数月。

二、制作方法

1. 主辅料：大米、菜油等。

2. 选择上好的刚米（特别硬的籼米），用水浸泡一个晚上，第二天等米泡胀了，用特制的石磨把米磨成浆。用来磨浆的石磨特别重，起码有五六十斤，磨浆的工作是个重体力活，没有一定的力气是没法完成磨浆这道工序的。磨浆必须要有两个人，一人用勺子把米灌到石磨中间的口子里，另一人用木杆推动石磨转动。

3. 把铁盘子涂上一点菜油，然后再舀勺米浆，让米浆在铁盘里均匀流动至满盘，就可以放进特制的蒸笼里加热至熟，一般加热两三分钟就可以了。把熟透的露兜面揭下来，小心翼翼地晾到竹竿上。

4. 露兜面在竹竿上晾干后，取下来放到竹萁里。这可是个技术活儿，用力轻了或重了都有可能会将露兜面撕裂。

5. 把晾干后的露兜面卷成烟卷样，再切成约一厘米宽的条状。这样，麻阳露兜面（米面）的制作就算完成了。

三、注意事项

1. 正式食用的露兜面，必须切条，佐料也很讲究，需有炒熟臊子打底，多为肥多瘦少的猪肉炒制的“老臊子”，也有大块猪脚、牛肉、羊肉、鸡肉、鹅肉、鸭肉等。

2. 需用油、红辣椒粉、小葱、香菜、酱油、味精等佐料。露兜面未干透时，过沸水即可食；若干透，则需在沸水中煮几分钟，断火焖几分钟后，才能熟。露兜面有一个奇特处，不怕油水，油多也不觉得腻，味道反倒更佳。

四、风味特色

露兜面，是苗族传统文化积淀，反映了苗族历史进程中所形成的文化传统和饮食文化的发展踪迹，承载的是苗族传统的农耕文化、饮食文化，是研究麻阳盘瓠文化、破译麻阳长寿密码、探讨麻阳长寿资源的重要素材，并且是探索地域性绿色生态经济的文化发展模式的有效途径。其制作过程中所需的大量农具和“镀盘”，以及工艺流程和技巧，闪烁着农耕文明的光辉，绽放着苗族先民的生存智慧，是中国南方农耕文明重要科学佐证。

知识链接

在湖南，常德米粉可谓远近闻名，它以其特有的劲道、厚重，与云南的过桥米线、广西的桂林米粉不分伯仲。常德米粉之所以备受青睐，一是米粉洁白，圆而细长，形如龙须，象征吉祥。逢年过节，吃食米粉，以示往后岁月，一家人由如米粉一样团团圆圆；过日子，有如米粉一样，细水长流。二是米粉食用方便，经济实惠，把米粉买回去后，只要用开水烫热，加上佐料，即可食用；饮食店销售的米粉，浇头多种多样，经济实惠，味鲜可口。

常德饮食店的米粉，主要有红烧牛肉、麻辣牛肉、红烧猪蹄、红烧排骨、肉丝、酸辣、蹄花、鸡丁、牛杂、羊肉、卤蛋、羊肚、牛筋等20多种。米粉烫好装碗后，调以各种佐料，再加上浇头，餐食时，味美可口，独具风味。

任务八　凤凰姜糖制作技艺

一、非遗美食欣赏

凤凰地处湖南省西部，气候潮湿。人吃五谷杂粮，终年操心劳作，偶遇风寒，难免会生出病痛。对于小疾，凤凰人一般不求助于医，他们自有解救自己的办法。凤凰民间治风寒感冒有一种小配方：切几片姜拌以红糖在瓦钵里煎煮，到了一定火候，就着热汤服下，盖上棉被，发出一身大汗，便感一身轻快，恢复如初。这种治风寒感冒的药谓之姜糖茶，主要成分就是姜与糖。姜乃中国传统的中草药。古人留下的食养口诀有："女子三日不断藕，男子三日不断姜；早晨吃片姜，赛过人参汤；常吃萝卜和生姜，不用医生开药方……"

凤凰姜糖为贾氏先祖在清乾隆年间始创，迄今已有两百多年历史，其实，姜糖特产的形成，完全源于一个偶然。有一次，贾师傅的先祖在熬姜糖茶时，熬过了时间，姜糖茶被熬成了糊状，穷人又舍不得丢掉，就将这种糖糊吃掉了，谁知这种糖糊不仅味道好，而且治病同样有奇效。

较高浓度的姜制食物可以起到止痛的作用，使关节炎患者减轻病痛。此外，生姜中还含有一种"类似阿司匹林"的物质，它的稀溶液是血液的稀释剂和防凝剂，对降血脂、降血压、防心肌梗死均有特殊的作用。因此，研究人员建议，平时多吃点含姜的食品，可以在一定程度上促进人们的健康。

凤凰较出名的姜糖作坊有：刘氏姜糖、张氏姜糖、贾氏姜糖等，都各有特色。姜糖大致分由白糖、冰糖、核桃粉、薄荷再加少量姜制作的清淡味和较多姜、核桃粉、红糖制作的浓香味。购买姜糖时要特别注意其保质期及包装，散包装的姜糖保质期为一至二天，如果要买回家或馈赠朋友需要选购包装密封的姜糖，如采用锡箔包装的，保质期为四个月。

二、制作方法

1. 主辅料：老姜、白糖等。

2. 把磨好的姜和糖用一个大锅煮熟。

3. 然后将熬好的姜糖倒在一个光滑的大理石平台上冷却（也可以简单用桌子，只是要在上面铺一层铁片，以免姜糖粘住桌子）。在冷却的过程中要不断翻动姜糖。等姜糖慢慢地由液体变得较硬以后，挂在一个钩子上不断拉扯，直至拉扯成丝。

4. 等姜糖完全变硬，再也拉不动的时候，重新放在平台上，用剪刀剪成小块状即大功告成。

三、注意事项

1. 姜糖上有蜂窝眼说明加了膨松剂。
2. 姜糖较辣但缺乏姜味则是加了辣椒粉。
3. 姜糖失味是加了明矾、香精，此类少见。
4. 姜糖粘手、色淡、粘牙是由于水分多。
5. 味苦的姜糖多是由于熬制过度。

四、风味特色

凤凰姜糖一直在湘西地区流传。如今，凤凰姜糖这久藏闺阁、人已忘怀的稀罕物也如古董般地被搬出市场亮相，却居然在如林的洋包装糖物面前站稳了脚跟，并赢得了人们的喜爱。这主要是因为凤凰姜糖味甜，略带姜味，绵软滋润，香味浓郁，爽神开胃，生津活血，口感醇正，集香、脆、甜、辣于一体，回味无穷。它以优质红糖、山茶油、鲜姜、上等糯米、上等芝麻、桃仁、蜜玫瑰为原料，采用传统工艺精制而成。具有消气健胃、防晕止呕的功能，是旅行和居家的好伴侣。

知识链接

窝丝糖又名茧糖，是四川省民间的地方传统小吃，原名“素窝丝”，具有100多年的历史。该产品工艺精细，具有松酥和香甜可口的独特风味，适宜于秋末夏初季节生产。在明朝的小说中就有介绍：“其形如扁蛋，光面有二掐，若指掐者，吃之粉碎，散落绵成细丝”。窝丝糖实际上是以糯米蒸饭，上覆麦芽粉，以温火加热，加盖棉絮，化出的汁水熬炼成麦芽糖，然后加白芨汁，不断牵拉，抽成细如发丝、洁白如雪的糖丝，掺以荸荠粉、芝麻粉，做成窝丝糖，是明朝著名的宫廷小吃。明末的时候，在民间流行，成都至今一直保留着这种传统的制糖工艺。

任务九　凤凰血粑鸭制作技艺

一、非遗美食欣赏

血粑苗语称“青摆”，是用禽畜的血浆拌和浸泡后的糯米制成。因鸭子的血浆浓稠性大，通常用鸭血制作血粑。做前先把糯米洗净泡软，再将鸭的热血淋于其中，稍为凝结时放盐拌匀，然后蒸熟切成小方块，再经油煎即成。将血粑置于烹饪好的鸭肉内，煮软，让血粑的香味溶入汤中，同时也让血粑浸进鸭肉与生姜、辣椒的香味，这就成了可口的血粑鸭。鸭子煮血粑既有鸭肉的鲜美口味，又有血粑的清香糯柔，吃起来落口消融，食欲大增，不愧为人间美味佳肴。

二、制作方法

1. 主辅料：鸭子、鸭血、血粑、酱油、豆瓣酱、糍粑、辣椒、食盐、鸡、青红椒等。

2. 血粑的做法。把已备好的糯米洗干净，再加入清水；在杀鸭子时，将鸭血滴入已备好的糯米中，加入少许食盐后，均匀搅拌一下，放入蒸锅用大火蒸120min左右；把已放凉的鸭血粑取出，放在砧板上用刀切成小方块。

3. 鸭子的做法。首先把鸭子切好放到开水锅内稍稍烫一下；植物油倒入锅内，待油温后加入老姜、花椒、鸭子肉爆炒，爆炒2～3min后，把鸭子肉水分炒干，立即加入已备好的酱油，豆瓣酱、糍粑、辣椒、食盐、鸡精后，再炒1～2min，加入凉水1500g，待汤开后，即用文火慢炖。

4. 另起一锅加入植物油，把已切好的鸭血粑放入锅内炸硬；把已炸好的鸭血粑装入器皿内炖90min左右后，把已炸好的血粑及新鲜红辣椒一起倒入鸭肉内，再用大火炖5～10min，即可食用。

三、注意事项

1. 鸭血一定要新鲜，并注意避免污染。

2. 鸭子要选择一年以上的鸭子，肉质才能紧实，烹制后才会更有味道。

四、风味特色

血粑酥脆，硬中带软，油而不腻，鸭肉熟烂，触肉脱骨，咸淡适宜，鲜美可口，为凤凰地区过年过节必备佳肴。

知识链接

樟茶鸭是一道很有名的菜，但口味与吃法都与北京烤鸭有较大的不同。在选料上，北京烤鸭采用的是填鸭，又称油鸭，而樟茶鸭则是用湖鸭，又称麻鸭。湖鸭个头小，比较瘦。另外，公鸭母鸭有所不同：公鸭肉粗味腥，母鸭肉细味鲜，用途不一样，做樟茶鸭子宜用母鸭。

选三斤左右的湖鸭（比烤鸭坯子要小得多，北京烤鸭鸭坯在六斤左右），经过开水烫、调料腌之后，再用樟树叶和花茶叶掺拌柏树枝等做熏料，放到熏炉里熏，熏成黄色。然后用醪糟汁、黄酒、胡椒粉在鸭皮上涂抹均匀后上屉蒸约两小时，蒸好的鸭坯晾凉之后还要入油锅炸，一直炸到鸭皮红亮酥香。最后还要在鸭身上刷香油、改刀切块，再码成鸭子形状装盘（现在有很多餐馆在装盘之前先把鸭子脱骨，吃起来更加方便）。鸭子四周配上荷叶蒸饼，吃的时候用荷叶饼夹鸭肉。荷叶饼是发面的，按成圆形然后对折蒸制，不同于卷烤鸭的圆形烫面荷叶饼。樟茶鸭外酥里嫩，鸭肉不柴不腻不皮，绵软但略有咬劲方显“地道”。

任务十　保靖松花皮蛋制作技艺

一、非遗美食欣赏

保靖松花皮蛋传统手工制作技艺分布在保靖县的碗米坡镇、迁陵镇、普戎镇、比耳镇、涂乍乡、毛沟乡、清水坪镇、野竹坪镇、清水乡、阳朝乡、复兴镇、大妥乡等土家族聚居的乡镇，以及周边邻近的永顺县、花垣县、龙山县、吉首市、古丈县。酉水从保靖县西往东迂迴而过，保靖有广阔的水域，素有养鸭的习惯，为皮蛋的加工制作提供了充足的原料。

保靖松花皮蛋是湘西保靖县传统名产，已有200多年的生产历史。配料、制作工艺讲究，蛋体饱满、晶亮，蛋体有弹性，蛋白有弹性，蛋内有如松枝的银灰色图案，宛如镶嵌在翡翠里的玉花。食之肉质清爽、醇香、易消化，多食不腻。保靖松花蛋具有清凉明目、平肝开胃、降血压等作用，是家常食用、宴席上的美味佳肴。

二、制作方法

1. 主辅料：鸭蛋、石灰、茶叶、碱面、食盐、硫酸锌、黄泥。

2. 选鸭蛋。选鸭蛋的时候要看鸭蛋的色泽，鸭蛋的外壳要呈绿色，隐隐透出绿色的鸭蛋是做松花蛋的上品。用照蛋器将原料蛋逐个进行光照检验，剔除裂纹蛋，气孔少或无气孔的钢壳蛋以及气孔大、蛋壳较薄的砂壳蛋。

3. 浸泡。先在缸底铺一层薄薄的垫草，再将选好的原料蛋装入缸内。装蛋时要求大头向上直到装成八成满为止。然后用自制的竹篾压在蛋面上以防止加入料液后蛋浮起。

4. 煮沸。将水、茶叶在锅中煮沸10～20min，过滤出茶汁，趁热倒入盛有碱面、食盐、氧化铅（或硫酸锌）及砸成小块的生石灰的陶瓷缸中，待料液不再沸腾后，充分搅拌均匀，最后加入草木灰充分搅拌。当料液冷却到30℃以下时，便可灌料。

5. 灌料。当料液冷却后，捞出缸底没有充分溶解的石块，再按量补足，待其充分溶解后，搅拌均匀。用勺或搪瓷杯将料液沿缸壁全部灌入装好蛋的缸内，直至鸭蛋全部浸入料液中，然后用双层塑料布将缸口扎紧，置于阴凉干净的地方。

6. 成熟。每种配方都有一个基本稳定的成熟期，但成熟期并不是固定不变的，它随加工条件、温度、配料质量的变化而变动。因此，应在成熟前3~5天内抽样检查，成熟良好的松花蛋剥壳检查时，蛋清凝固光洁，不粘壳，呈棕红色或棕褐色，蛋黄大部分凝固，外部呈黄色，内部为青绿色。

7. 出缸。完全成熟的松花蛋应立即出缸以防止碱伤。出缸前应准备好凉开水以备洗蛋，特别在冬季水温不宜过高，否则会使成熟好的松花蛋破裂。洗蛋时，工作人员要戴耐酸碱的手套或用竹篓将蛋逐个捞出，放入凉开水中；也可用料液中的上清液洗蛋，以洗去蛋壳表面的残液，放入竹筛中晾干后包泥滚糠或用液体石蜡涂膜保存。

8. 包泥滚糠。为了便于保存和运输，出缸和洗净的松花蛋应包泥滚糠。包泥前应将破蛋、裂纹蛋、水响蛋剔除，然后用浸泡过蛋的稠料与黄土调成稠泥状，将蛋逐个包上厚2~3mm的稠泥，再滚上薄薄一层稻壳或锯末，装入筐、箱或缸中，以便贮存或销售。

三、注意事项

1. 生产松花蛋时加入草木灰的主要成分为Na_2CO_3和K_2CO_3，有促进蛋白蛋黄凝固的作用。使用草木灰时，要求干净卫生，无较大的石块，最好用筛子过滤，以除去石块和土粒。

2. 黄土的作用，一是帮助其他辅料粘附在蛋壳上；二是能减缓氢氧化钠渗入蛋内的速度；三是控制蛋内外空气流通，减少蛋内水分蒸发。

四、风味特色

保靖松花蛋蛋体饱满、晶亮，蛋体有弹性，蛋白有弹性，蛋内有如松枝的银灰色图案，宛如镶嵌在翡翠里的玉花。食之肉质清爽、醇香、易消化，多食不腻，具有清凉明目、平肝开胃、降血压等作用，是家常食用、宴席上的美味佳肴。

平湖糟蛋曾列为贡品，得到乾隆皇帝御赐金牌一块。中华人民共和国成立后，它更是受到海内外好评。一般的禽蛋都是硬壳的，而浙江平湖的糟蛋却是软壳的。因为经过糟渍后，蛋壳脱落，只有一层薄膜包住蛋体，其蛋白呈乳白色，蛋黄为橘红色，味道鲜美，只要用筷或叉轻轻拨破软壳就可食用，如把它蒸来吃，那就失去糟蛋的风味。

相传在清朝初年，平湖西门外孟家桥西堍，有家“徐源源糟坊”，是个夫妻店，专以酿造糟烧、黄酒为业。有一年黄梅季节，一连下了几日大雨，又加遇上大潮汛，这一带的大河小港的水全漫上堤岸。徐糟坊也遭灾了，过了好些时日，大水才逐渐退去。徐老板和老婆赶忙各拿工具，整理被水泡过的糟坊。挖着挖着，突然从糟堆中滚出一个圆咕隆冬、绿光盈盈的东西来。夫妻俩拿起来一看，原来是一只鸭蛋，再一扒拉，又出来一个。就这样一会儿工夫，从酒糟里挖出来十几个这种模样的鸭蛋。他们先是奇怪，这酒糟中怎么会出来这么多鸭蛋呢？继而一想，发大水时，家里养的几只鸭子都跑到堆栈躲藏，想必是鸭子下的蛋。

徐老板看着这些变了色的鸭蛋说：“叫水泡了这多天，米都要发酵了，甭说这鸭蛋了，趁早扔了它吧。”老板娘舍不得就这么扔掉，就顺手磕开了一只蛋，剥开来一看，里面的蛋白和蛋黄已经凝结在一起，成了一只水晶蛋。徐老板用鼻子闻闻，没有臭味，倒隐约有一股酒香。用舌头舔一下，遗憾地说：“就是味道淡些。”老板娘赶忙跑去拿了一只小碟，盛了些盐来，让老公蘸着尝尝。徐老板一尝，味道真不坏，下酒正合适。两人就把这十几只鸭蛋放进一口坛子里，上面撒了一层盐，封了口。

第二天，他们不忙了，徐老板便将坛子打开，让左邻右舍都来尝尝。尝过的人都夸这蛋好吃。于是徐老板和妻子就买了些鲜鸭蛋，洗洗干净，放入坛子，又在蛋上铺一层酒糟，再撒上一些食盐，然后将坛子口密封起来。到了开坛的日子，徐老板特意邀请了好些乡亲到糟坊来，当众把坛子打开。坛口一开，满屋浓郁的酒香。徐老板赶紧把这些糟过的蛋分送给大家品尝。从此，徐老板便将其“徐源源糟坊”改为“徐源源糟蛋坊”，糟蛋就这样在平湖流传开来。